财富

来自福布斯富豪榜的叮咛

《环球人物》杂志社 编著

九州出版社
JIUZHOUPRESS

图书在版编目（CIP）数据

财富：来自福布斯富豪榜的叮咛 / 《环球人物》杂志社编著 . -- 北京：九州出版社，2017.4
　　ISBN 978-7-5108-5178-0

　　Ⅰ．①财… Ⅱ．①环… Ⅲ．①成功心理－通俗读物
Ⅳ．① B848.4-49

中国版本图书馆 CIP 数据核字（2017）第 069394 号

财富：来自福布斯富豪榜的叮咛

作　　者	《环球人物》杂志社　编著
出版发行	九州出版社
地　　址	北京市西城区阜外大街甲 35 号（100037）
发行电话	(010)68992190/3/5/6
网　　址	www.jiuzhoupress.com
电子信箱	jiuzhou@jiuzhoupress.com
印　　刷	大厂回族自治县彩虹印刷有限公司
开　　本	710 毫米 ×1000 毫米　16 开
印　　张	16.5
字　　数	194 千字
版　　次	2017 年 5 月第 1 版
印　　次	2017 年 5 月第 1 次印刷
书　　号	ISBN 978-7-5108-5178-0
定　　价	38.00 元

目录

袁成龙：我经历的巴菲特午餐

人物简介：袁成龙，1986 年生于湖北，向上金服创始人、CEO。2015 年 9 月 8 日，袁成龙陪同好友朱晔一起参加了巴菲特慈善午宴。

2015 年 9 月 8 日，袁成龙（左三）、朱晔（左四）等和巴菲特共进午餐后合影留念。

每年的巴菲特午餐都会引起不小的关注，2015年也不例外。

这次拍下午餐的是中国大连天神娱乐董事长朱晔。午餐有个规定，中标者可以带7个同伴一起参加。朱晔便邀请了好友——向上金服的创始人袁成龙一同前往。9月8日，朱晔一行在纽约与巴菲特享用了这顿天价午餐。

袁成龙接受了《环球人物》记者采访，讲述了与巴菲特共度的3小时以及这顿午餐前前后后的故事。

这顿午餐值不值

2015年6月的一天，我正在朱晔的办公室谈事。他的秘书进来说，巴菲特慈善午宴拍成了，朱晔听了特别开心。他非常崇拜巴菲特，一直想见见偶像，所以才会花234万美元（约合1500万元人民币）拍下这顿午餐。对于这个价钱，朱晔跟我说："值了！"

从2000年开始，每年都会有一顿巴菲特午餐，以拍卖的方式出售。十几年来，价格居高不下，即便如此，还是受到不少商界人士追捧。朱晔也不是第一个拍下巴菲特午餐的中国人。步步高董事长段永平和有"私募教父"之称的赵丹阳分别在2006年和2008年拍下了巴菲特午餐。段永平花了62万美元，赵丹阳买单的价格是211万美元。你要问他们值不值，答案估计也是"值了"。段永平就说过，他在听了巴菲特投资航空公司的灾难性经历后，一直避开航空公司的股票。

我能有机会和巴菲特共进午餐，也非常兴奋。巴菲特是全球投资领域的泰斗，也是我尊敬的长者。我是个做互联网金融的创业者，能和向往的人共进午餐，太难得了。而且，午宴所筹资金会作为善款帮助穷人。所以，我们也间接参与了慈善。

当天上午 11 点 30 分，我们到了著名的"权力之屋"牛排馆，每年的巴菲特午餐都在这里进行。过了一会儿，巴菲特到了。他穿着正装，打着红色领带，比我们同行的几个人穿得还正式。我们在靠近厨房的大厅坐下，午餐正式开始。

"做自己看得懂的事"

这顿饭吃得很轻松。巴菲特85岁了，看起来却非常精神，说话风趣幽默，思路也很清晰。大家有说有笑的，并不是外人想的一问一答，跟开会似的。我也没特地准备什么问题，很多话题都是自然而然聊出来的。朱晔说他做实业还行，不会炒股。巴菲特说："我也不炒股。"股神不炒股？话题自然就有了。其实，巴菲特主要是了解他要投资的企业，包括经营者、财务状况等。换句话说，他确实不是在炒股票，而是投资企业。他说自己只做投资，不做投机。

而这种做足功课的投资，就是要将安全放在首位。比如巴菲特早期投资的有可口可乐、IBM、吉列剃须刀。最近他又增持了 IBM 股票。有人说 IBM 现在是巨无霸了，没有增值空间，为什么还买？可能很多投资者喜欢追捧短期概念，中小公司增长空间大。巴菲特不这么看，他认为要在安全边际基础上获得长期稳健收益。巴菲特还开了个玩笑。他说，每天喝可乐和刮胡子的时候，都能开心得笑出来。因为全世界可能有上亿人正在喝他投的可乐，用他投的剃须刀，全世界的人都在为他挣钱。道理就是这么简单。

我最想和巴菲特取的经是与互联网有关的问题。不过，他并不太关注互联网。他认为互联网发展速度非常快，需要找到精准的时间点才能赶上每次浪潮。但不管高科技发展多迅猛，人们都要喝饮料、刮胡子，他投的都是能满足基本需求的。巴菲特的投资诀窍就是安全，这一点我很受益。我正在创业，做的互联网理财平台发展得不错，有 300 万用户了。公司成立时就强调风险控制，以后也会坚持这一原则，提供安心的投资产品。我觉得，我和巴菲特有这种共同的意识（哈哈）。

巴菲特说，他只做自己看得懂的事，"看得懂的是投资，看不懂的是投机"。这也是他在投资界屹立不倒的原因。我们问他，想不想做世界首富？他的回答很有意思，"我从来没想过做世界首富，我最希望做活得最久的富人"。他做投资稳健，现在状态也是这样。

"中国具有长期发展的潜力"

谈到当前中国的经济时，巴菲特也很坦率。他说看不懂中国经济的波动。如果对巴菲特有所了解的话就会明白，他的投资理念就是以合适的价格买一些有价值的公司，不太在乎短期的波动。所以才会有这样的答案。

而对于中国的印象，巴菲特的回答令我们很惊讶。他说，中国人都很会做生意，可能这跟国内现阶段社会状态有关系。因为在美国，整个社会环境相对平稳，创业氛围没有中国浓。他看好中国的发展，认为"中国具有长期发展的潜力"。

巴菲特还给正在创业、奋斗的年轻人一些建议。说如果有 1 美元，你花掉 99 美分，存下 1 美分，和你直接花掉 1 美元差别非常大。他想告诉大家，一个好的投资习惯，就是一个好的储蓄习惯，一定要储蓄，一定要存钱，他自己几十年都是这么做的。

　　另外，巴菲特不赞成负债投资。他说："投资要用自己的钱，不要找别人借。"这几个月的中国股市，很多普通投资者加杠杆负债投资，没有预测市场的风险，结果财富一夜蒸发。巴菲特说的这点我挺赞同的。

　　巴菲特在选人和为人处世上也有一套哲学。他说，他不会选只为钱做事的企业经营者，而是欣赏那些热情耐心，用心做事的人，把公司交给这样的人来经营，完全不用担心。他也从来没和拍档红过脸，无论是谁做错事。

　　一顿饭下来，让我感触最深的是巴菲特的精神状态，对工作和生活乐观向上的态度。3年前，我和朋友一起开始创业，经历了不少困境。创业就像一种修行，要付出很多。巴菲特现在这么富有，还在用最老式的按键手机，连续半个月吃同一款汉堡，听起来不可思议，但他跟我们说起这些时很愉快。他说，每天早上醒来，想到和自己最欣赏、最热爱的一群人工作，做的又是自己最喜欢的事情，就会很开心。

　　我们问他，为什么这么有钱，还要过得这么简朴？他说，如果我很喜欢一样东西，可以买下任何一家企业；如果我不需要，就没必要去花钱。人生需要快乐，不要被太多事情牵绊。

　　当天还有个小插曲。那天晚上我们定了一家法国餐厅，刚坐下没多久，巴菲特竟然也来了，而且就坐在我们桌子旁边。他刚好约了人在这里谈事。巴菲特真是精力充沛，那顿饭吃了4个小时，走的时候已经晚上11点了。我们想，也许这就是他成功的原因，看似比你聪明的人其实更多时候是因为比你更努力。

（撰文：毛予菲）

梁小民：屠呦呦和黄晓明在经济上没可比性

人物简介：梁小民，1943 年生，山西人。北京大学经济学硕士，北京工商大学教授。现任国务院特邀监察员、国家价格指导委员会委员。多年从事经济学普及写作，著有《经济学是什么》《小民读书》《黑板上的经济学》等。

"大众经济学家"梁小民有一个让人嫉妒的书房：顶天立地的书架严丝合缝绕着别墅二楼的墙壁整整一圈，把会客厅、写字间和阅读室都围在里面，配上水晶吊灯和西式桌椅，让《环球人物》记者有种穿越到 19 世纪欧洲的感觉。

这里是北京的郊区怀柔，既非庙堂之高，也非江湖之远，却足以让人享受世外田园的宁静，感受文化带来的乐趣。在今天的中国，这或许才是真正的奢侈品。记者也就不难理解，梁小民何以笔耕不辍，写出那些妙趣横生的经济学故事。

让"一介小民"生活更美好

刚刚过去的 9 月，梁小民读了 27 本书。按照惯例，他每个月都会通过媒体专栏公布自己的书单，既是推荐，也是书评。这些书包罗甚广，但数量最多的并非他的老本行经济学，而是他最喜欢的历史。

"当年考大学的时候，我第一志愿是北大历史系。"梁小民对《环球人物》记者回忆说。那是 1962 年，梁小民是山西省的文科状元。那年北大在山西只计划招收三名学生，历史、中文、经济系各一名。从小就喜欢读文史书籍的梁小民最后却被调剂到了经济系。开学后他想换专业，被学校拒绝，于是只好老老实实地念了下去。

毕业时正赶上"文革"，梁小民被分配到哈尔滨通河县林业局下面的一个林场，当了一年伐木工人，后来在林业局中学找了一份教师的工作。当时他以为一辈子就在那里了，无聊的时候就看书打发时间。"我的英语就是那时自学的，从内部书店买教材，回去自己看，后来读写都没问题，但听说不行。"梁小民笑道。本来以为这些知识都用不上，直到"文革"结束后恢复高考，梁小民在1978年通过研究生考试，又回到了北大经济系，毕业后留校任教。

当时知识分子的生活处境相当窘迫。到1985年，梁小民一家还和另两位教师家挤在一套四室一厅的单元房内。当时国际关系学院有意挖他，给出的待遇是"三室一厅独立住房"，梁小民有些心动。但时任北大校长的丁石孙说了一句"你是学校承上启下的人"，把他留住了。直到儿女大学毕业，无法继续住宿舍，梁小民才于 1991 年调入北京商学院（现北京工商大学）任教。

1994 年，梁小民受商务部派遣，前往美国康奈尔大学学习期货理论。

"我在国内教研究生宏观经济学,到康奈尔后就去听这门课,结果只听了两堂就听不下去了。美国的经济学无论课堂还是教材,全是数学模型推导,还不是普通的高等数学。而我的数学底子不行,于是意识到在这条路上没有前途。"梁小民有过攻读博士的冲动,但种种现实因素还是让他放弃了这个计划。"美国很多经济学家都致力于经济学的普及工作,于是我也决定换个方向,开始撰写一些通俗性、普及性的经济学文章。"

回国后,梁小民把经济学常识融入社会生活和历史文化中,先后在主流媒体开设多个专栏,出版了多部经济学普及读物,包括《经济学是什么》《小民谈市场》《黑板上的经济学》《微观经济学纵横谈》《寓言中的经济学》等。此外,他还翻译了美国经济学家曼昆的《经济学原理》,被视为国内经济院系的经典教材。

把经济学通俗化的诀窍是什么?梁小民认为,经济学原理存在于生活的方方面面,同一个问题可以从各种角度进行分析,其中也包括经济学。他总能找到两者的相似之处,加以解读。"比如武侠小说中各个门派和高手,在激烈的竞争中谋求生存和发展,正如无数企业和个人在市场中的竞争。各派武功就像各家企业的特色产品,有垄断、创新、核心技术乃至产权保护等诸多问题。"梁小民希望,经济学知识能变成一种好玩的"闲话",无论是小学生还是七八十岁的老人都能看懂,从而让"一介小民"的生活变得更美好,这也正是他一直被称为"大众经济学家"的原因。

2003年退休后,梁小民的生活只剩下3件事:讲学、写专栏、看书。近年来,"看书,什么都看"越发成为他生活的重心:2014年,他一共读了315本书;2015年上半年,他已经读了158本。在远离尘嚣的幽静之所潜心读书,是他最想要的生活。

"市场手段总比行政手段好"

《环球人物》：写了这么多通俗经济学读物，您是希望自己的作品有启蒙作用？

梁小民：当然。我希望大家对经济学有点了解，看问题的方法和以前就会不一样。比如对于金钱、富人的看法，中国一些传统观念与今天的社会现实之间存在矛盾，可以通过经济学知识的普及让社会变得更和谐。

《环球人物》：您被视为"敢说真话"的经济学家之一，在您看来，目前中国经济的关键问题是什么？

梁小民：还是转型。过去30多年的发展成就不容否认，经济的发展也带来了思想的开放，这种进步是巨大的。但这个过程中出现的问题，比如经济结构失衡，也造成了现在的经济停滞。过去主要是数量型增长，靠人工和资源，缺乏技术创新，最后导致环境破坏非常严重，难以持续。从高增长转入新常态后，中国必须有自己的硬实力。现在很多人对创新理解有误，年轻人开个网店、办个网站都叫创新。真正的创新是要有核心技术的，是实打实、硬碰硬的科技进步，这必须依靠深层次的制度改革才能实现，让国企愿意去创新，让民企有能力去创新。

《环球人物》：在停滞和转型阶段，房地产还会反弹吗？

梁小民：我认为房价还会涨的。中国的基本国情是人口多，房子长期处于供小于求的状态。虽然农民工买得起房的人比例小，但基数大，还有一部分城市人口需要改善住房。此外，中国的城市化还处于刚起步的阶段。虽然数据显示目前城市化率达到50%以上，但那是包括在城市打工的农民在内的，实际上，他们没有城市户口，医疗、子女读书等基本福利都没有，这算什么城市化？中国真正享有城市福利的人口只有27%，而一些发达国家早在 20 世纪初就达到了 50% 的城市化率。所以未来一线城市房价上涨是肯定的，二、三线城市要具体分析。经济发达地区的房地产发展会较好，经济发展较慢的地区，如一些县级市，房子已经盖得太多，未来十几、二十年之内很难有转机，一些特殊地区的房价还有可能崩溃。

《环球人物》：老百姓在这些问题上是否存在误区？

梁小民：很多百姓分不清界限，什么涨价都反对。应该分清什么是公益性的，什么是经营性的。比如水电，只能用涨价来限制人们的行为。水不涨价都浪费水，电不涨价都浪费电，最后必然导致能源危机。还有汽车的问题。十多年前，我在报纸专栏上主张用经济手段减少汽车数量，解决交通堵塞，当时很多人抨击我。十多年后，北京要提高停车位收费，又把这篇文章拿出来了。对于北京这样的城市，必须通过高价格限制交通，包括汽油高税收、道路收费、停车收费等，否则无法解决拥堵问题。

还有医疗，也应该用市场手段管理，因为优质医疗资源是有限的。未来医院应该分成两类：一类是私立医院，比如现在的三甲医院，都可以改成私立；二是公立医院，比如社区医院，提供基本医疗服务，不以赚钱为目的，再穷的人有了病都能得到治疗，这就是公益性质的。但如果你想享受更好的医疗服务，就要付出更多的钱，这就是市场化原则。

《环球人物》：您认为用市场手段总比用行政手段好？

梁小民：当然。只要是在公开透明的法治下，用市场手段才能保证公平，而用行政手段则会导致特权，过去规定什么级别以上才能买软卧、头等舱，这就是特权。再比如汽车摇号，也是不公平的行政手段，往往导致需要买车的人摇不上，不需要的反而能摇上。换句话说，买汽车是人人都有的权利，如果要干预，应该用高价格限制，而不是你有权买，我没权买。

"金钱是衡量贡献的基本标准"

《环球人物》：在经济社会里，怎样认识金钱才是正确的？

梁小民：人类社会发展到今天，就是以经济为中心的，这无法否认，也无须否认，所以不要认为谈钱很卑鄙。西方经济学家哈耶克把人类社会分成两种类型：一种是因为有权才有钱，另一种是因为有钱才有权，他认为两种社会都有缺点，但比较起来，后一种比前一种要好。

我认为在法制完善、竞争充分、权利平等的社会里，金钱是衡量人对社会贡献的基本标准，但不是唯一标准。换句话说，在正常的社会里，有钱人应该是对社会贡献更大的人。目前中国有些人的钱是不正常渠道获得的，这个不正常。

《环球人物》：最近大家在热议屠呦呦获奖与黄晓明婚礼的比较，后者花了两亿元，前者的奖金不够在北京买套房，从经济学角度应该怎么看？

梁小民：我认为两者在经济上没有可比性。明星是一种商品，顶尖明星是供给特别稀缺、需求非常大的商品。比如天赋好的歌星，粉丝就是觉得听他们唱歌值得，票就能卖高价，这是真正市场化的行为。何况明星的商业价值就那么几年，很快就过去了。但科学家并不是商品，历来不以金钱衡量其价值。另外，在一个法制健全的社会里，科学家的贡献是有专利的，依靠专利，他们也可以获得巨额财富。如果屠呦呦是一位外国科学家，可能早已凭借专利收入成了富豪。类似的还有文字工作者，国外版权保护到位，不同级别的作者薪酬也相差悬殊，这就是市场化的做法。目前中国知识分子收入低正是我们市场化不完善的结果。

《环球人物》：法制完善是市场化的前提？

梁小民：是的。我特别强调法制规范这个前提。不是知识不值钱，而是没有制度保障。钱本身无所谓公正、平等，相反，钱可以成为很好的衡量尺度，也是社会发展的基础。有了钱才可以扩大事业规模，保证一个行业健康持续地发展，这才是合理的机制。中国经济目前的很多问题，就是法制不健全、执行不力造成的。但我仍然保持乐观，经济体制不可能一下子改，还是要在稳定的前提下实现转变。纵观西方国家走过的道路，社会转型期法制不完善都是必然现象。所以我认为原富无罪，就像小孩一样，必须经过"乱折腾"的阶段，才能最终长大。

（撰文：尹洁）

陈志武："金融自由是创业催化剂"

人物简介：陈志武，1962年生，湖南人，著名华人经济学家。1983年获中南工业大学学士，1986年获国防科技大学硕士，1990年获美国耶鲁大学金融学博士。现任耶鲁大学管理学院金融学终身教授，北京大学经济学院特聘教授。

陈志武的湖南口音常常让《环球人物》记者忘记他已在美国生活了近30年。如果不打断他，他可以就某个经济话题滔滔不绝地谈上40分钟，中间几乎没有停顿。他的老朋友、著名经济学家张维迎说过，每次跟陈志武聊经济问题，60%以上的时间是陈志武在讲，张维迎在听。但《环球人物》记者凭个人经验感觉，60%是个保守的估计。

6年前，全球金融危机肆虐正凶，陈志武出版了个人著作《金融的逻辑》，探讨金融发展和一般市场发展对文化和社会带来的影响。用他自己的话说，这本书出版得"恰逢其时"，很快成为当时的畅销书。如今，陈志武又出版了《金融的逻辑2——通往自由之路》，继续解释金融的要义，消除公众的误解。10月下旬，他专门从耶鲁大学飞到北京宣传新书，谈到当下金融问题，他笑言自己"一开口就停不下来"。

电子货币"是非常危险的"

在经济学界，"60后"的陈志武仍然称得上少壮。他针对金融问题发表的见解时常引发外界关注，他从历史文化角度分析金融问题的著作也吸引了大批粉丝。2000年，世界经济学家排名出炉，在前1000名经济学家中，有19人来自中国，陈志武排名第202位；2006年，《华尔街电讯》将他评为"中国十大最具影响力的经济学家"之一。最近几年，陈志武的研究主要集中在中国经济转型过程中市场发展、机制建立等方面。他擅长用大历史的观点分析金融，认为金融不是简单的赚钱工具，而是思维方式和分析框架。

在新书中，陈志武把阐述的焦点集中于金融所带来的自由上，同时纠正了人们的一些错误认识。"人们总觉得金融是富人和从业者的专利，事实上，金融在今天与每个人的安全、自由、发展、幸福息息相关，也关乎民主体制的合理运行。而建立和维护健康的金融制度，又有赖于政治体制、法治、社会诚信等的保障。"

陈志武表示，自由的金融市场将提升每个人的选择能力，而"基于自由选择的人生才有幸福可言"。正因如此，他对于当下无孔不入的电子支付持保留态度。

"如果交易的时候不能用货币支付，只允许实名制的电子转账，我认为这是反货币化、去货币化的趋势。因为货币最基本的属性是匿名性，不包含个人信息，无关身份地位，电子支付与这些基本特征是相矛盾、相违背的。这带来什么结果呢？谁向我或我向谁支付了多少钱，都有历史记录，随时可以查到。这实际上侵犯了个人自由，而自由的个体正是金融经济的基础。未来电子支付在经济中占的比例越高，社会自由度便失去得越多，如果什么交易都通过电子货币完成，那是非常危险的。"

事实上，受儒家文化影响，中国人对货币本来就存在很多误解。陈志武举了《水浒传》的例子："里面有句话说，'金钱如粪土，情义值千金'。仔细想想，这话充满矛盾啊。既然金钱如粪土，情义还怎么值千金呢？说来说去，还是要用货币衡量。"

无论人们是否承认，今天的中国社会，任何人都无法脱离货币化的生活。陈志武认为经济自由能为个人自由带来坚定的基础，最终推动社会的发展。"20世纪六七十年代，光有钞票没用，还要有粮票和单位证明，否则从我老家湖南跑到北京来，没地方住、没地方吃。那时候的货币不是严格意义上的货币。而今天，货币化相对充分，不管是部长、亿万富翁还是穷学生、普通农民，拿着100块钱到酒店住宿、去商店买东西，获得的产品和服务是一样的。你的身份、财产、社会地位，方方面面的信息都没有印在货币上。这个简单的事实可以说明，真正货币化的社会，是去身份化、去阶级化、去地位化、去官员化的。中国社会的货币化进程能使每个人享受到应得的尊严和权利。"

让"穷人"得到融资支持

2014年10月以来，中国股市的剧烈动荡和政府救市行为引发了国内外的高度关注。陈志武认为，政府最初采取"慢牛"的政策，本意是一方面刺激民间消费，另一方面激励创业创新，促成结构性转型。

　　"当前中国经济遇到的一个大问题是企业负债率普遍过高，银行贷款大量流向一些产能过剩的大型企业、国有企业，而创新和经济转型的主力军中小企业又得不到贷款支持。为了推进经济结构调整，决策层想通过催化股票价格吸引众多社会资金进入资本市场，拓宽企业的股权融资渠道，让企业减少债务占比。"陈志武认为，这个愿望很好，但有一个前提，即股权的定价必须比较精准，"否则，股价背离基本面，靠错位的股价引导的资源配置不仅达不到目标，还会本末倒置，让经济结构调整开倒车，把本来可以投入创新的能量和投入实业的资金也都转向炒股"。正因如此，陈志武认为，减少政策干预更有利于中国资本市场的长远发展，政府的当务之急是深化体制改革，加强法制建设，保障资本市场公开透明，推进经济自由化。

　　在陈志武看来，资本市场的表面功能是融资，但更根本的贡献在于加速创新、创业的实现，也在于培植、催化社会创新文化。"以前中国只有国有银行，没有股市和私募基金，也没有债券市场。对许多人来说，融资创业是不可能的。即使企业已经发展到一定规模，需要借贷融资，也需要实物资产做抵押，否则不可能从银行贷到款。如果融资的前提条件是实物资产抵押，那么富人和穷人之间，谁可以得到融资支持呢？当然是富人，或者是已经成功的企业。也就是说，如果金融行业还停留在以银行为主的初级状态，那显然对富人最有利，因为富人可以拿出所需要的实物资产抵押品；同样道理，这也对已经成功的企业更有利，于是造成富的更富、穷的更穷。"

　　因此，陈志武认为，发展金融市场的内在要求就是减少融资的抵押要求，让那些未来前景看好，但现在没有实物资产、没有太多到手财富的"穷人"也能得到融资支持。

"发达的金融市场是万众创业的催化剂，也是众创的前提。1990年上海证券交易所的成立标志着现代中国有了对未来收入做贴现、定价的机器，因为股市从本质上是对上市公司未来利润预期的提前定价，也让股权所有者能把未来收入预期变现，这跟传统银行根据既有资产做借贷定价的做法，形成明显的对照。可是，由于之前的决策者受传统银行思维的影响，制定的政策要求任何公司如果要在A股市场上市，不仅要有过去3年的充分盈利记录，还必须有很多实物资产，如楼房、机器、设备、土地等。这就从本质上把中国股市限定在传统银行范畴内，主要为国有企业和'重资产'的传统行业提供融资服务，不能帮助能力超强的草根创业者上市融资发展。所以，中国资本市场在很大程度上仍然是'贵族俱乐部'，阻碍了收入机会、创业机会的平等化。"

金融交易就是信心交易

6、7月份的股市动荡让人们谈"股"色变，普遍期望A股市场能尽快扭转长熊短牛的局面。然而，陈志武对股市并不乐观："就目前看，中国股市要结束长熊短牛的局面还需要很长的时间，有很长的路要走。如果中国股市的痼疾得不到根治，恐怕短牛都不太容易出现了，有可能长熊。因为只要涉及金融的交易，都是信心的交易和信任的交易。如果规则可以随意改，而规则的解读和执行也可以随意变化，人们的信心和信任从哪里来呢？"

陈志武认为，判断一个金融市场是否发达，不能光看表面上的金融工具和金融产品。"伊拉克也有证券交易所和股票市场，但那样的股市，长牛、短牛都不会有。"在他看来，仅仅拥有金融工具和庞大的金融资产，并不代表一个国家的金融市场很发达。"发达不能是昙花一现的。今天有几万亿、几十万亿的金融资产，看起来市场很发达，但明天突然出现动荡，就像2015年6、7月份股市的那些波动，一下子就变成大家都想跑路。这不是发展良好的金融市场的表现。"

不久前，央行再次降息降准，引发市场关注。很多人希望"双降"能够提振股市，陈志武对此不以为然："在社会流动性非常充分、银行不想多贷、实体企业不一定想多借多投的情况下，继续通过降息降准增加流动性，只会使股市泡沫更大，拉大财富差距。另外，如果人为刺激股市，令股市回报高于实体行业的投资回报，会使实体企业不想专注于主业，而是把越来越多的资金投向股市，最后导致整个社会的资源配置结构严重扭曲，人力资本也会过多地往炒股上转移，这会拖垮社会的长久创新力。"

股灾之后，不少股民陷入悲观情绪，认为资本市场的泡沫过于可怕。一些研究者也因此质疑金融经济的作用，认为还是实体经济更加可靠。对此，陈志武表示，不能因为股市有泡沫，就否定金融市场的价值。"发展金融市场是非常重要的，千万不要因为有了2015年6、7月份的股灾，就说以后不要金融了，更不要因为有了2008年的金融危机，觉得'金融太可怕了，给我们带来一场一场的危机'，就要回到实体经济、淡化金融经济。在这种时候尤其要意识到，尽管有危机和挑战，但如果回到过去那种经济模式，大家的经济自由、个人权利会再次丧失，最终影响到生活的方方面面，包括你的恋爱、婚姻。这种代价远远大于金融危机的冲击。"

那么，哪些举措才能真正扭转中国股市的现状？"应该满足市场的一些具体要求，不管是私有财产上的，还是金融契约权益保障上的，以此为起点，给大家足够多的激励和利益。另外，要推动制度和规则向更好的层面发展。金融工具、金融市场首先是给自由的市场主体提供的，如果权力介入太多，那种金融本身就是变味的。”

多年以来，每当股市陷入危机，中国股民就希望政府出手救市，刚刚过去的股灾也不例外。陈志武认为，中国股民必须改变这种观念。“我们要纠正以前的错觉，就是认为'政府不干预的金融只对富人有利，政府干预就是为普通人好'。其实，现实恰恰相反。顺其自然、不受政府干预、自由的金融市场的发展，尤其是资本市场的发展，会扩大金融的普惠性，提高金融的可得性，深化金融渗透的层面，使金融不再是贵族的特权，从而降低收入差距。与此相反，对金融的过多政策干预则会扭曲资源配置，逆转经济结构调整，造成更多的机会不平等和财富差距。只有不断深化体制改革，中国才有真正的市场经济。这是一个漫长的过程，要实现真正的自由市场化，中国还有很长的路要走。”

（撰文：尹洁）

张勇："阿里巴巴是世界最大的娱乐公司"

人物简介：张勇，1972 年出生，上海财经大学金融学专业毕业。2007 年加入阿里巴巴集团，2008 年任淘宝网首席运营官兼淘宝商城总经理，2015 年 5 月出任集团 CEO。

"冯小刚是 2015 年'双 11'晚会总导演"？！

当中国最具票房号召力的贺岁片导演与"光棍节"联系到一起时，人们不得不承认 11 月 11 日的确成了个"节"。2015 年的"双 11"迎来了自己与消费者的"七年之痒"，它的缔造者阿里巴巴集团（以下简称阿里），铆足力气打造的一场前所未有的晚会也"精彩纷呈"——与媒体互动，与同行"互撕"，立足国内又布局海外。在电商纷纷谋求数字化转型的重要阶段，阿里会成为最终的赢家吗？

"办个大 Party"

11 月 10 日，这场晚会在北京"水立方"举行。它融明星综艺、移动购物于一体，消费者可以边看、边玩、边买，这种尝试极有可能重构"消费＋娱乐"模式。

2014 年"双 11"，阿里宣布了一个让同行"咬牙切齿"的消息：拿到了"双 11"注册商标，并授权旗下的"天猫"享有商标专用权，其他任何人擅自使用都是侵权。

当时就有分析认为，阿里此举是为日后"放大招"做准备。果然，阿里大有把"双 11"的商业价值发掘到极致的架势，不仅选择了最具娱乐号召力的湖南卫视作为合作伙伴，还请来"春晚"导演冯小刚坐镇指挥，众多娱乐明星的加盟使晚会未播先火，而这正是阿里想要的效果。对此，阿里巴巴集团 CEO 张勇在接受《环球人物》记者采访时毫不讳言。

"我们在策划的时候，就在想怎么把消费和娱乐通过电视、手机、互联网三位一体，连接起来。马总（马云）经常说，阿里巴巴其实是世界上最大的娱乐公司。

我们做淘宝、天猫的时候，最希望消费者能从购物中发现乐趣，在这个过程中消费。因此，我们本身就有娱乐的基因在。"

在张勇看来，阿里和湖南卫视的共同点在于"都很有创新精神"，而冯小刚无论拍电影还是办晚会都有丰富的经验，群众基础好。"更重要的是，冯小刚对互联网、对消费者都有自己独特的视角和理解"。

张勇告诉《环球人物》记者，每年"双 11"前夕，消费者的参与程度都随着商家的预热水涨船高，到 11 月 10 日晚上达到巅峰。但前几年大家都是单纯地"抢宝贝"，购物车满了就结账。随着移动互联网的发展，大多数用户将通过手机选择商品、支付。"如何通过这台晚会上的'料'，让消费者在手机客户端找到更多乐趣，是我们想大胆尝试的东西。"

2014年"双11"，淘宝总交易额571亿元，2015年的预期是多少？张勇没有正面回答："数字本身只是个结果。我们每年更关注的是消费者有没有玩得开心，有没有获得更好的体验。实际上，我们更愿意把11月10日晚上称为一个大Party，完全玩起来，完全互动起来，让消费者开心，从而引领整个行业的变革，带来跨界的变化。"或许所言非虚，因为正是张勇带领淘宝团队创造了"双11购物节"的概念。

"猫狗大战"

遥想7年前，天猫的前身淘宝商城还只是阿里的一个新兴业务，当它发起"光棍购物节"的时候，大多数消费者都觉得这不过是一个小打小闹的营销噱头。

"当时中国还没有类似美国'黑色星期五'那样的网购节日。我就跟团队说，咱们创造一个这样的节日，让消费者记住我们的新品牌。"张勇回忆说。团队最后选择了11月11日"光棍节"，正好介于10月的国庆黄金周与12月的贺岁促销之间。"当时我们想的是，可以给单身的人提供一些商品，让他们通过购物打发时间。"

张勇没有料到，7年后，线上购物已成为中国人重要的生活方式，人们几乎可以从网上买到一切东西。这块蕴藏巨大价值的蛋糕，成为各路商家倾尽全力追逐的猎物。"双11"这个包含着草根精神和互联网特色的商业节日，逐渐演变成一场场电商大战。其中最具话题性的，莫过于行业领头羊之间的竞争。2015年，由阿里与京东掀起的"猫狗大战"也引发了广泛的关注。

11 月 3 日，京东向国家工商总局实名举报阿里"胁迫商家对京东和阿里进行'二选一'"，即要求中小型供货商只能参加天猫促销活动，不能参加其他平台的"双 11"促销活动，否则会导致其商品在天猫下架。阿里方面很快以基层员工的口吻做出回应，称京东"一哭二闹三上吊"，"一会儿要打这个，一会儿要打那个；一会儿举报这个，一会儿举报那个"，并称"对于竞争的问题，最终的解决方案就是让消费者选择"。京东不甘示弱，随即公布了阿里胁迫商家"二选一"的证据。之后，天猫的回应让很多人津津乐道："我们尊重实名举报，但今天是鸡实名举报了鸭，说鸭垄断了湖面。"

有业内人士指出，近年来，大大小小的电商们，每年都会在"双 11"期间大造舆论，甚至炒作话题，看似争得你死我活，实则无非是为了吸引眼球，从而获利。有专家表示："如果消费者能得到实惠才是好事，别到最后热闹了商家、苦恼了消费者，变成了商家秀。"不少网友也看出了其中的玄机，戏称此次"猫狗大战"是"狗眼看猫腻儿"。

让"光棍节"走向世界

不管怎样，张勇希望通过 2015 年的"双 11 晚会"，让阿里开拓出更为广阔的天地，因为马云的目光早已投向了海外。

"阿里总部在杭州，过去 6 年中，我们的'双 11'重心都在杭州，但 2015 年为什么首次将主战场放到北京？因为我们相信北京作为首都在中国的巨大影响力。我们将启动国际化进程，从中国走向全球，而北京是一个非常好的起点。"张勇说。

经过 6 年的积累，已经有很多外国商家和品牌参与到"双 11"活动中。用马云的话说："2015 年我们在北京举办'双 11'狂欢节，以后还可能办到智利、巴黎、纽约、比利时……世界任何一个地方都有可能。"

张勇的解释则更为实际："目前，全球企业都处于数字转型期。人们已经认识到，互联网可以让商业更有效率。我们的新商户已经不限于中国，而是越来越多地来自海外，他们有无数的产品想要推广，'双 11'是一个绝佳的机会，它能帮助我们把供应商和消费者互相连接起来。"

同时，有大量的中国人要到海外去消费。张勇提出："为什么人们一定要出国购物呢？如何使他们在国内就能享受到网购的便利，享受到全球市场的优秀产品？"马云有句名言："让天下没有难做的生意。"张勇认为："全球化作为'双 11'的主题，将是我们万里长征的第一步。未来 20 年，我们希望服务 20 亿消费者，这意味着必须去探索中国以外的市场。"

（撰文：尹洁）

科氏兄弟：不上市的石油大王

人物简介：大卫·科赫，生于1940年，现任科氏工业集团副总裁。2015年，以410亿美元资产与哥哥查尔斯并列全美富豪榜第五位。

查尔斯·科赫，生于1935年。1961年进入家族企业科氏工业集团，1966年起成为公司董事长兼总裁。

美国大选向来都少不了商业大佬的身影，因为他们才是真正的"金主"。这不，尽管希拉里目前在民主党内一路领先，但也不是高枕无忧。除了要面对政敌的纠缠，她还得应付来自商业大佬的诘问，其中就包括美国石油巨头科氏工业集团的两位当家兄弟——查尔斯·科赫和大卫·科赫。他们唱衰希拉里，最近又对她提出的设立能源清洁税非常恼火。

自然，希拉里等政客对科氏兄弟有时也"非常恼火"，但又无可奈何，因为他们手中的财富有很大的"发言权"。

严父留下的一封信

科氏兄弟执掌的科氏工业集团业务涉及工业、农业、金融业等，全球员工达10万人，年收入超过1100亿美元，是全美第二大非上市私营公司（仅次于嘉吉公司）。兄弟俩各拥有公司42%的股份，以410亿美元的净资产位列《福布斯》全美富豪榜的第五位。

科氏工业集团的总部大楼建在堪萨斯州威奇托的一片草原上，查尔斯的总裁办公室位于大楼的三层。办公室里摆放着他和弟弟、妻女的合照，最显眼的是墙上挂着的画像，上面是他的父亲弗雷德·科赫，也就是这家集团的创始人。

弗雷德毕业于麻省理工学院化学工程专业。1925年，他和同学一起创办公司，担任化学工程师。1927年，他发明了一种新型的炼制汽油的方法，却因此受到美国一些石油公司排挤，列了44条法规来禁止这种方法用于生产。无奈之下，弗雷德远走苏联，与苏联政府达成契约，帮助斯大林政府建立了15座现代化原油精炼厂。

1932年，弗雷德回到美国，在堪萨斯州娶妻生子。1933年，老大弗雷德·瑞克出生；1935年，老二查尔斯出生；1940年，双胞胎大卫和威廉出生。在教育儿子上，弗雷德极为严厉，查尔斯曾回忆："我8岁的时候，父亲就让我在郊外的土地上劳作，从破晓一直到黄昏，稍有偷懒就会挨批评。"在商业上，弗雷德也尽显强人本色。从20世纪30年代末期开始，他就利用在苏联累积的财富，收购了多家炼油厂。1940年，弗雷德创建伍德里弗炼油公司，这就是科氏工业集团的前身。

20世纪50年代末，弗雷德患上了心脏病，公司业绩开始下滑，只能达到收支平衡。那时，查尔斯刚从麻省理工学院毕业，在理特管理顾问公司做咨询师。弗雷德非常欣赏这个儿子，希望他能回家工作。1961 年，查尔斯接管了父亲的大部分工作。当时，弗雷德只对儿子提了一个要求："你可以按你的方式管理，但不能将公司卖掉。"

5 年后，弗雷德去世，查尔斯成为公司总裁。为了纪念父亲，他将公司改名为科氏工业集团。一次，在整理遗物时，查尔斯在保险柜中发现了一封父亲写于 1936 年的信。信上说，他购买了巨额保险以确保去世后，孩子们有钱接受良好的教育。父亲再三强调："如果你们选择让这笔钱摧毁自己的主动性和独立性，那么它将成为你们的诅咒，也将成为我的过错。"查尔斯这才懂得父亲的良苦用心。至今，这封信仍和父亲的画像一起挂在查尔斯的办公室里。

"除非我死了才能上市"

查尔斯继承了父亲的商业才能，做事雷厉风行。接管公司初期，他意识到公司缺乏长远的发展计划，就开始了一系列扩张。他先是将公司的输油管道系统延伸到其他州，让产品在全国范围内流通；然后又在欧洲新建了工厂，将业务拓展到海外。同时，他继续父亲的收购策略，将业务范围扩大到能源、化工、木材等领域。

不过，查尔斯也有失策的时候。20 世纪 70 年代，他进军油罐车行业，由于对市场判断失误，结果损失惨重。为了尽量减少损失，那些日子他几乎都是在飞机和谈判桌上度过的。查尔斯曾回忆："我每天在美国和伦敦之间来回，很多债务问题需要谈判。"此后，查尔斯对于债务问题变得小心翼翼，在收购时会提前做许多准备和分析。在《成功科学》一书中，他将自己的收购经验总结为三个要素，即公平合约、经济性思考和完整的模型。

在查尔斯的带领下，科氏工业蒸蒸日上，可成功也带来了副作用。当时，同为公司股东的四兄弟分成了两派。大哥弗雷德·瑞克和老幺威廉一派，老三大卫则站在了二哥查尔斯这边。与父亲和二哥相同，大卫也是麻省理工学院毕业。1970年进入公司，一直追随查尔斯的长远发展计划，1979年，他升任公司工程系统的"一把手"，正式接管核心业务。正因如此，弗雷德瑞克和威廉认为他们被两个兄弟排挤，便开始游说高层，还雇佣私人侦探，试图夺取科氏工业的控制权。

双方的内部斗争愈演愈烈，甚至对簿公堂。最后，查尔斯和大卫做出一个大胆的决定——以13亿美元的价格买下了另外两兄弟和其他股东的股份。这个决定让他们负债累累，却完成了科氏工业集团的"中央集权化"。全权掌握公司后的查尔斯和大卫当即解雇了"造反"的兄弟。从此，弗雷德瑞克搬去了摩纳哥，成了一个收藏家；威廉则自己开了公司，重新起步。只是，兄弟四人的关系难以修复，他们之间的官司打了十几年，直到1990年母亲去世才算告一段落。

在集团内部，查尔斯担任董事长兼总裁，大卫则是副总裁，两人感情深厚，配合默契。据《福布斯》杂志报道，自1960年至2015年，科氏工业集团的资产增长了5000倍。有人预估，如果科氏工业上市，市值将超越麦当劳，轻松进入世界前40强。然而，查尔斯对上市毫无兴趣，他对媒体说："除非我死了，科氏才能上市。"他也这样告诫儿子蔡司，必须让公司"自己决定自己的钱"，"当然，前提是他够能干，成为表现最好的人，才能拿到接班人的位置"。

用财富"干政"

除了在商业上呼风唤雨，在政坛，科氏兄弟也占有一席之地。他们将大笔资金投入共和党的选举中。大卫曾透露，这种政治兴趣遗传自父亲："小时候，他总是跟我们谈政治。所以我很小就认为，什么都管的'大政府'是个坏东西，政府不该对我们的个人生活和经济财富进行控制。"从进入商业战场起，查尔斯和大卫就致力于营造一个"个人自由、小政府、自由和平"的商业环境。

起初，科氏兄弟希望通过从政达到这个目的。1979年，查尔斯劝说大卫竞选公职，建议他出任自由党总统候选人埃德·克拉克的副总统候选人。兄弟二人主张废除联邦调查局、能源部，终止社会保障和个人所得税，政府只需保留一个职能——保护公民个人权利。科氏兄弟为此花费了近200万美元，结果却十分惨淡，最终赢得的选票还不到1%。

直接参与政治失败，兄弟俩决定间接 "干政"。他们斥资帮助成立美国第一个奉行自由主义主张的智库——卡托研究所，并投入了大量资金。从1998年到2008年，科氏兄弟至少向研究所投入了1.5亿美元。2008年，奥巴马曾发表演说，表示必须对全球变暖采取措施。研究所的学者立马跳出来发表文章表示"全球变暖理论让政府对经济的控制更多"。如今，研究所已经成为兄弟俩对抗奥巴马的主要"武器"。

两人在学术上"对抗"奥巴马，也不忘用财力培养自己的政治势力。2012年美国大选，科氏兄弟的政治网络共花费了近4亿美元支持罗姆尼和共和党。2015年1月，他们私下劝说约400名富豪在选举中投入9亿美元，以影响美国从监管到刑事司法的各类政策。

不过，这种财大气粗的表现引发了许多人的不满。除了奥巴马和众多左翼人士指责他们通过揽权获得经济利益外，普通民众也游行示威，主要针对他们的炼油厂、石油工业等对环境的危害。

2014 年，奥巴马多次呼吁国会提高每小时 7.25 美元的联邦最低工资标准，但科氏兄弟却认为这是美国繁荣的阻碍。在公司所在的威奇托市，他们举行了为期 4 周的抗议，每天在电视台播放长达 60 秒的反对广告，宣称"美国已经迷失了方向"。这样的举动又一次引发了民众的抗议，许多人称这对兄弟"贪婪不知满足"。

有媒体根据抗议活动制成纪录片《揭秘科氏兄弟》，其中，民众举着被涂鸦的兄弟二人照片，表情非常愤慨。可当画面切回查尔斯的采访时，他却有些无奈地说："我们只是想更好地帮助美国的弱势群体和贫穷者，提高联邦最低工资标准会加深民众'用很少的金钱勉强活着'的想法。"查尔斯说，虽然他的政治投资备受质疑，但他不会就此打住，"人一旦进入政治，就很难停下来，而我想要做的，就是改变这个国家的轨迹"。

（撰文：余驰疆）

姚劲波：联席 CEO 在中国行不通

人物简介： 姚劲波，生于 1976 年，湖南益阳人，中国海洋大学计算机应用、化学双学位毕业。2005 年，创立 58 同城。2015 年 4 月，58 同城和赶集网合并，现任集团 CEO。

在资本寒冬中，互联网企业刮起了合并风。联姻之后，两个 CEO 共同管理企业，也由此催生出联席 CEO 制度。但"好景不长"，滴滴与快的、去哪儿与携程、美团与大众点评合并后，联席 CEO 中的一位最终都选择了离开。最近"分手"的一对是 58 同城的姚劲波和赶集网的杨浩涌。11 月 25 日，58 赶集集团在媒体沟通会上宣布：在合并 7 个月后，杨浩涌将辞去 58 赶集联席 CEO，保留集团联席董事长的职位。集团旗下的瓜子二手车网拆分出去，成为独立公司，由杨浩涌担任 CEO。

杨浩涌一走，姚劲波无疑成了 58 赶集最受关注的人。第二天下午，《环球人物》记者来到 58 赶集位于北京的新办公楼。在等待姚劲波的间隙，记者问一位工作人员："姚总心情怎样？"他回答说："这事其实挺正常的，姚总和杨总都很轻松。""两人昨晚没去喝一杯？"记者问。"哪有，一结束就回家了，急着看最近热播的电视剧《北上广不相信眼泪》，片子里有我们的植入广告。"对方笑着说。

下午两点，姚劲波准时出现。他穿着一件深色毛衣，脚步很轻快。进了办公室，姚劲波侧坐在沙发上，表情严肃，有些沉默寡言。采访结束后，工作人员拉了拉记者说："他平时就话不多，跟媒体都这样，千万别误会。"

"拆伙是制度本身的问题"

姚劲波不爱笑，在圈子里属于强硬派。2013年58同城上市的时候，就有人猜测，当年优酷上市后就回来收购了土豆，以姚劲波的作风，58同城会不会也收购跟自己打得不可开交的赶集网？所以，对于杨浩涌的"出局"，总有声音认为姚劲波是别有用心。但面对《环球人物》记者，姚劲波否认这是早有安排，他坦诚地告诉记者："这事落定也就在一周前，杨浩涌主动跟董事会提出要辞去联席CEO。"而促成这件事的是曾经投资58同城、腾讯电商控股公司的前CEO吴宵光。"有一天，吴宵光告诉我，他跟浩涌提了下要他去做瓜子二手车网。我们有很长一段时间都在为瓜子网找CEO，但从没想过让浩涌去。我不知道这真是吴宵光的建议，还是浩涌通过他给我传递的意思。不过，后来我也跟浩涌说，我挺羡慕你的，要不我去瓜子网吧。"

姚劲波承认，他说想去瓜子网或许在某种程度上让杨浩涌更快下了决心，"也算是策略"，但羡慕是真心话。"浩涌能重新归零，去一个增长最快的市场，把公司从小做大，是一件很炫的事情。创业者或多或少都有这样的情结，少赚一半钱也要去享受企业IPO敲钟的时刻，这跟初恋情结一样。我曾经带着 58 同城去纽交所敲钟，浩涌可能是想带着瓜子网去实现梦想吧。"

正如姚劲波所言，在媒体会上宣布杨浩涌离开时，气氛确实很融洽。相比一个月前大众点评创始人张涛卸任联席 CEO 和同事抱头痛哭的情景，杨浩涌要轻松得多。上台前，姚劲波问杨浩涌，"要不咱俩抱着哭一场，明天肯定上头条？"杨浩涌却说他"哭不出来"。当天在台上，两人平静地拥抱告别。

有媒体统计发现，姚劲波和杨浩涌担任联席 CEO 的半年多，共同公开亮相只有 3 次。两人会不会不合？工作人员跟记者解释："两人关系挺好。只是媒体看到了 3 次，其实他们每天都会在办公室碰头。"姚劲波也说，这些日子他们一直在磨合。之前，58 同城与赶集的合并是姚劲波一手促成的，当时姚劲波说得多，杨浩涌一直在听；而宣布离开的时候，更多的是杨浩涌在谈未来，看来两人已默契十足。

姚劲波说，拆伙只是因为联席 CEO 制度本身。合并的时候，两个人都抱着试试看的心态。后来发现，58 赶集已拿到 90% 的市场份额，不太需要两个 CEO 去管理如此垄断的市场。另一个原因是，两边的团队都围绕在自己老大身边，整合的速度有些慢。"我们花了很多精力，开了无数次会讨论该怎么优化团队，但结果并不理想。联席 CEO 在中国行不通。我们已经站得够高，如果在我们这儿没法实施，估计后面的人也不用试了。"

不忘创业初心

姚劲波曾说，自己骨子里就喜欢刺激。他被媒体称为"创业专业户"，58 同城也不是他的第一个创业公司。2000 年，大学刚毕业的姚劲波创办了域名交易网站易域网，半年后卖给万网，赚得了人生第一桶金。之后，他又创办了学大教育，并成功在美国上市。2005 年，姚劲波把美国排名前100 的网站挨个做了研究，最终在生活服务领域发现了机会。于是，他决定做中国当时还未出现的分类信息网站，这才有了 58 同城。姚劲波一路走得很顺利，58 同城也完成了从融资到上市。"我们那个年代，第一轮融资成功，基本上就意味着你已经胜出，而今天这只能说明你有了资格参赛，要是没有第一笔资金，你连玩这个游戏的资格都没有。"

姚劲波能成事，在于他的那股韧劲儿。据说，当年为说服雷军在小米手机上安装 58 同城的应用，姚劲波每天早上会在雷军跑步时跟他"偶遇"。两人一起跑了一段时间后就成了哥们，事自然也成了。

而在 58 同城的发展扩张上，姚劲波则有一点"野蛮"。他会大把烧钱做广告。姚劲波说，第一是因为在市场爆发阶段，多花钱做广告效果很好。第二，这是市场经济，你有这么多钱烧，表示有这么多人愿意把钱给你，这是市场决定的。而谈到最初 58 同城 "一个神奇的网站"这句广告词，姚劲波说，他很抱歉因为播放频次过高给用户带来困扰，现在公司更注重长远思维，品牌形象广告、影视植入广告占的比例更多。"人人都会走弯路，我们也是。"

不过，姚劲波对内还是有温和的一面的，同事们都亲切地称他"老姚"。老姚最初做产品工程师，专注又青涩。前些年公司的发布会，每次上台前他都很紧张，不停地背讲稿，还要求工作人员提前在舞台上标记好站的位置。如今老姚变洋气了，上台从容了，气场强了。姚劲波说自己是带着 58同城打硬仗走过来的。

唯一没改变的是初心。姚劲波说，人老了就容易怀旧，他特别怀念当年创业时最早的办公地点，那时只有五六十人，从公司前台到扫地阿姨，他都认识。办公条件也不好，但大家干劲十足。现在，58 赶集的新办公楼有 7 层，姚劲波的办公室却很不起眼，在普通员工办公区旁边，面积也不大。房间里只放了一张办公桌，一套沙发，还有个书柜。跟了他多年的员工告诉记者："老姚对自己挺抠门的，出差只坐经济舱，也不住五星级酒店。我们收购地产租售平台安居客时，整个高管团队在上海住的都是如家。至于为什么，我想老姚一是不想多花投资人的钱，二是提醒自己，要时刻保持创业者的初心。"

"现在做的只是冰山一角"

杨浩涌走了，姚劲波要带着 58 赶集重新上路。他说自己要管理 2.5 万人的公司，感到身上担子很重。"这个人数在中国现在的市场环境未必是好事，管理的复杂度、成本都很有挑战。原来联席 CEO 总感觉有个依赖，什么事我搞不定，还有浩涌。但无论是不是联席 CEO，我们的愿景没变，我并不是在说冠冕堂皇的话，现在最开心的事，就是用户喜欢 58 赶集的服务。"

在姚劲波的规划中，58 赶集的服务将会在原有的分类信息基础上，搭建一个更大的生活服务大生态。他预测，未来 10 年是生活服务领域大变革、大颠覆的 10 年。今天，这个领域有很多知名品牌，有上市公司，有数万员工。但 10 年后，可能 80% 都不会存在，就像大家现在不再认为，曾经辉煌的当代商城和王府井百货是大公司一样。今后，代替这些品牌的将是 O2O 生活服务平台，这也是很多创业者开始做 O2O 的原因。

在姚劲波看来，O2O 的创业者在很多领域将有机会代替 58 赶集。"但反过来想，如果说 O2O 是下一个风口，我们也处在一个风口行业，而且是这个行业里最有资源的公司，也将成为站在风口待飞的猪。"思路确定后，新整合的 58 赶集开始向更广阔的生活服务 O2O 平台发展。姚劲波说，现在大家看到的 58 赶集，只是整个冰山的一角。以汽车行业为例，58 赶集已投资了最大的二、三线城市二手车网络"273 二手车"、汽车拍卖平台卓杰行、租车企业宝驾租车、代驾行业 e 代驾等，内部孵化了 58 陪练和 58 违章查询，还收购了最大的驾考网站驾校一点通。姚劲波说："我们的很多角都会慢慢地露出来。"同时，58 金融也正在成为集团的下一个战略级产品。58 赶集平台上有很多消费场景——用户在租房、买二手车、买二手房、装修、结婚，每个需求背后都蕴含着金融需求。他对 58 金融的前景非常看好。

姚劲波曾说，58 同城将是他最后一次创业，58 赶集也是他做 CEO 的最后一家公司，他把未来规划得满满当当。记者问："你工作之余都干什么？"姚劲波笑笑说："我没有'之余'。""不累吗？""很多人问我，老姚你是怎么坚持 10 年的？我每次被问到这个问题都要晕倒，因为我没觉得自己在坚持，整个过程我很快乐，可能外面的人无法体会。"

（撰文：毛予菲）

张斗：玩转"粉丝经济"

人物简介：张斗，1969 年生于安徽，安徽工学院（现合肥工业大学）毕业。2009 年创办音悦台。2015 年 4 月，音悦台获 3500 万美元融资，是音乐产业有史以来最大的一笔投资。

到了不惑的年纪，张斗觉得自己又热血了一把。"身边围着一群 85 后、90 后，每天听着 Exo、TFboys，我现在是粉丝们的粉丝。"他看着窗外熙熙攘攘的北京三里屯，黑粗框眼镜后露出一个肯定的眼神，像在说："你别不信！"

张斗一手创建的音悦台，是中国最大的音乐类网站，专门提供高清 MV。一个月前，音悦台和美国最权威的音乐机构公告牌（Billboard）达成合作，即公告牌将全部采纳音悦台"音悦 V 榜"的排行榜数据，由此得出权威的中国流行音乐榜单，并将其加入公告牌的国际板块中。这也是中国流行音乐第一次大规模登陆美国主流媒体。

"公告牌在中国做了一整年的调查来寻找合作伙伴，最终他们选中了音悦台，"张斗对《环球人物》记者说，"因为我们的榜单，都是粉丝实打实靠访问量、评论数得出的。"

一个帖子引发的思考

在创办音悦台之前，张斗最耀眼的标签，是马云的股肱之臣。他在2000年5月加入阿里巴巴，用一套电子商务解决方案帮马云赚到了第一桶金，共26万元。两年后，张斗离开阿里，开始自己创业。他先是做了富媒体，"就是你打开新浪，右下角冒出来的那个让你讨厌的玩意儿"；然后是网络电视公司，但因为和风投人理念不合而分道扬镳。2009年，张斗看到音乐产业里MV类垂直网站的空缺，创办了音悦台，当年7月正式上线。半年时间，音悦台凭借市场细分的优势占得先机，吸引了大量用户。

高歌猛进中，张斗看到了另一个机遇。2010年4月，音悦台为回馈粉丝，特地举办了一个送韩国明星见面会门票的活动。得到门票的粉丝怀疑其中有诈，在贴吧发帖表达了自己的顾虑。"这帖子现在还在，他们说'这个公司不但送门票，还要请吃饭，肯定是见鬼了'，还约好一起去，遇到问题一起跑。"张斗回忆说。

送票那天，张斗和几个工作伙伴站在北京现代城一幢居民楼门口迎接粉丝。"那些小孩来了也不敢进门，拿了票就走，有的甚至是父母陪着来的。"张斗觉得诧异，旁边的合伙人告诉他："在这个产业，人们认为艺人就是高高在上、可望而不可即的，没有人会对粉丝那么好。你去服务粉丝，他们只会不习惯。"张斗更加不解："从互联网角度来看，用户是上帝，是真正需要服务的。从专辑到演唱会，他们贡献了所有的产值，为什么没人去关注和服务他们呢？为什么送他们张门票、请吃顿饭反而让他们受宠若惊？"

张斗拿中国的"粉丝服务业"与韩国的情况做对比，发现了明显的差距。他在韩国看到，有公司会专门帮粉丝制作礼品，送到偶像的演唱会现场。比如用大米制成的花篮，每个大概 4000 元人民币。等演唱会结束后，他们再把大米捐给养老院，既赚了钱也做了公益。

"90 后、95 后不再是为生存而发愁的一代人，他们开始有精神层面的消费，更愿意付出情感和为情感溢价埋单。这带来了文化娱乐消费领域上百倍的增长，但这个飞跃跟听歌没有半毛钱关系。我认为音乐产业早在 4 年前就发生了变化——从听歌到爱人，从卖歌到卖人。"张斗对《环球人物》记者说。

张斗把从专做 MV 转向服务粉丝的想法告诉了其他合伙人，结果是"15 个人当中，14 个人反对，还有一个是盲目地追随"。之后，是张斗"游说"的一年。当时，音悦台的留言量激增，他拿出数据反问其他人："到底是谁在留言？"事实上，90% 的 MV 留言都来自粉丝，真正的音乐爱好者流量很低。

2011 年 10 月，张斗的想法终于获得共识，音悦台内部确定了粉丝路线——把用户群锁定在 14 岁至 24 岁之间，通过 MV 吸引粉丝，建立商城，向这批粉丝出售专辑、演唱会门票、周边产品等，使粉丝得到更好的服务。

盐堆里的"甜头"

音悦台总部位于三里屯 SOHO 的高层，地下一层还有两间摄影棚，用来录制明星的采访节目。棚外是视频制作小组，张斗偶尔会下来"视察"，惹得工作人员一阵紧张——他们多少有点怕"张总"。

公司里人人都觉得张斗说话快又直，做事雷厉风行、果敢干练，殊不知他也曾有过彷徨。他发过一条朋友圈：在正确的路上，人越少越好。"当时说这话，是给自己打气。我真的百分之百确定这条路是对的吗？自己都在心里打鼓。"

张斗所谓"正确的路"，是他的粉丝策略；而"人少"，是指将近20个月没人愿意给音悦台投钱。2013年上半年开始，音悦台陷入了资金链危机。"之前，音乐这个产业没有人拿到过钱，而且音乐也挣不到钱，根本没人看好我们。带宽、版权、运营费用，一个月大概几百万的花费，到最后只能去借。"最难的时候，张斗拖欠了员工近半个月的工资。

"所幸，老天爷在你伤口上撒盐的时候，还会给你一点甜头，让你不想放弃。"在那段艰难的日子，张斗的粉丝路线开始得到回报。"与韩国音乐公司合作版权，让我们抓住了一批年轻、狂热的韩流粉丝，在网站上卖专辑、门票、周边产品就有几十万份；线上做高清MV，线下做粉丝活动，增加用户黏性；采取VIP收费，成为VIP的粉丝能有更多机会为偶像投票打榜，一天就有几十万收入；音悦台的APP在苹果应用商店上的下载量也长时间霸占一、二名。"

最令张斗欣喜的，是TFboys的出现，张斗称这个少年偶像组合是"真正的互联网明星"。2013年，TFboys横空出世，受到众多年轻人的追捧。音悦台趁势热捧，推出TFboys的各种采访、纪录片，成为TFboys粉丝的聚集地，带动了一系列商城内专辑、门票等相关产品的销量。这种模式还发生在Exo、鹿晗等明星身上。"2014年国际唱片业协会统计，中国全年实体专辑销量大概两三百万张，和流行音乐相关的大概不到200万，而在音悦台上售出的专辑就有70多万张，将近全国总量的一半。90%都是粉丝在买。很少有非粉丝去实体店买专辑，但也不会有真粉丝去买盗版专辑。"

粉丝为张斗带来的不仅是经济效益，还有一批"为爱而生"的员工。他手下除了技术部，80%的员工都是粉丝。"他们有的以前是贴吧吧主、明星站站长、粉丝团团长，还有的专门给韩星做翻译，后来到我们这儿做编辑。"张斗说，"我招人只有一个标准，就是他真心热爱偶像，有爱就一定会做好。"2015年年初，韩国偶像团体Exo来华宣传，在音悦台录制了一期节目，几名工作人员把节目剪好、翻译成六国语言上传到YouTube上，被韩国经纪公司称为"最好的粉丝节目"。"这几个人以前从来没做过视频，都是为了偶像现学的。"张斗说，"你只要爱这些事，什么事都阻挡不了。"

2015年4月，凭借在粉丝中的强大号召力，以及依托"粉丝经济"的前景，音悦台成功融资3500万美元。这是迄今为止，音乐行业拿到的最大一笔投资。

要做音乐产业里的淘宝

2013年，张斗参加江苏卫视的真人秀节目《赢在中国蓝天碧水间》，通过12场商业实战把自己的商业头脑展现得淋漓尽致。总决赛的评委是马云，在点评到昔日爱将时，他说："张斗刚到阿里巴巴的时候，我真挺佩服他的，真能把理想给卖出去，这么多年了居然还在卖。"

张斗向《环球人物》记者解释这种理想："我们这代人用现在的话说就是有点情怀，作为一个创业者，我的情怀就是打造一个产业型平台，使平台能对整个产业产生积极的价值，我们要做音乐产业的淘宝。"

"如果把音乐消费市场一刀切开，一边是腾讯、百度为代表的数字音乐有偿化，他们在这方面做得越来越好；另一边就是以'粉丝经济'带动专辑、演唱会、周边产品等传统消费回归的音悦台。我们不会跟QQ音乐去争它已经做好布局的市场，但是我不认为我的市场会比它小。"

　　深耕在传统音乐消费领域，张斗有他的抱负。"我觉得现在娱乐圈、音乐圈不那么美好，老百姓的娱乐消费也不美好。娱乐产品的质量低、渠道少、消费感受差、消费成本不合理等问题很明显。比如，中国的人均收入是韩国的 1/3，日本的 1/4，美国的 1/5，但中国的演唱会票价却和这些地方不相上下。中国粉丝要花别人好几倍的钱去看演唱会，这一方面说明我们'粉丝经济'的潜力，也说明了我们音乐产业的某些不合理性。"张斗认为真正的音乐消费是要抓住那些愿意付出情感的人："音乐专辑销量一直下滑，是因为没有找到真正符合年轻人消费的逻辑。那些真正的粉丝，不会在意贵十几块钱，反倒是你把我偶像的专辑打折卖，我才觉得不爽。"

　　所以，在没有人愿意再费心力做一个专辑排行榜时，张斗正在酝酿推出一个根据音悦台商城的销售数据得出的排行榜，并希望借由粉丝们拥护偶像的力量，让明年的专辑总销量突破 200 万张。他说："我们做的事，虽然别人认为是最脑残的，但是商业理念是最清晰的；虽然粉丝的消费是最感性的，但是我们的商业逻辑是最理性的。"

　　张斗的语气，既骄傲，又肯定。

（撰文：余驰疆）

张劲：用实业人的心态做投资

人物简介：张劲，1971 年出生，广州人，雪松资本创始人、董事长。1997 年，投资创立君华集团。2003 年，入选《新财富》400 富人榜。2015 年，入选胡润中国百富榜。

张劲是广东人，说话总带着点粤语口音；由于早年在香港理工大学修金融专业，中西交融，偶尔又会讲起英文，有一种独特的文雅。有人评价他身上有现代企业家的特点：有修养、有文化，但亦不乏经商必需的"豪情"。2015 年股灾时，身为雪松资本董事长的他在公司的群里发了一条微信："本次股灾，公司员工个人资金如果有做杠杆出现爆仓危机的，公司提供现金支持。"一时间，他和雪松资本成为金融圈内的热门词，张劲更被冠上"中国好老板"的美名。

"我不炒股，但我观察股市。"张劲对《环球人物》记者说，"明年中国的经济形势可能更差，那些属于旧经济的企业赶紧关门，属于新经济的企业要大胆上市，不要瞻前顾后。"

最早的风投人

张劲最近一次出现，是在 11 月 27 日的 "2015 胡润百富榜企业家峰会"上。当晚，他获得了 "2015 胡润价值创造奖"，让各方重新认识了他所领导的雪松资本。

过去，雪松资本最大的光环，来自旗下的君华集团。创立于 1997 年的君华，依托在地产、金融等领域的发展，目前营业收入已超过 338 亿元。因为君华的业务和民生相关，所以比雪松的其他板块更受关注。对于大家称呼其 "地产大亨"，张劲向《环球人物》记者澄清："雪松资本的地产所占比重不超过 20%，事实上我们是中国第一家本土的风投公司。"

张劲所说的 "第一家" 是指在 20 世纪 90 年代，国家科委（现国家科技部）为推动国内科技项目的发展，决定引入国外成功的风投机制。"微软和谷歌在纳斯达克的成功，让政府看到了资本的力量和带来的历史性变革。"当时，深圳科技局率先成立了一家风投公司——深圳中小企业创业投资公司，并允许一些民营资金入股参与经营。张劲抓住机遇，毫不犹豫地入股了这家公司。他投资了两三百家企业，"之后成功上市的有六七十家"。

后来，福利分房制度逐渐退出历史舞台，房地产成为国家支柱产业。张劲说："当时市场需求极大，我们看到了其中的投资价值，就把方向转向房地产，创立了君华集团。同期我们还做了其他的产业投资，君华只是我们版图的一块。"

经过十多年的苦心经营，张劲的 "版图" 也越发清晰，包括社区 O2O 领域的 "领壹科技"、大宗商品闭环供应链管理的 "供通云平台"、汽车全服务链条的 "车前车后"、互联网金融领域的 "雪松金融"、产业孵化领域的 "雪松投创"、PPP 模式（公私合作）下房地产领域的 "君华置地"

等多个板块。他用了李敖的一句诗来形容今天雪松资本的进击——"当百花凋谢的日子，我将归来开放"。

在寒冬中突围

股灾期间，张劲和他的雪松并未受到太大影响，他把这次"突出重围"归功于坚定的实业策略。他对记者说："为什么我定义自己是一个资本型的实业人？因为我们不会投点钱就退出，一般风投不会像我们一样在一个公司控股 90%。"

2008 年开始，张劲意识到金融市场的冬天即将到来。"当时我就认为经济会掉下去，后来靠超发货币才撑到现在。如今到了调整的时候，不能违反规律。"张劲对记者说，"但是，我们根据多年前的判断已经做好了度过冬天的准备。比如进入互联网、O2O 领域，也是多年前就开始布局的，主线是围绕刚需，解决痛点，创造价值。"

雪松旗下的领壹科技，就是看到物业管理领域中的痛点，发展起来的。张劲说，许多小区的业主都对自己的物业管理不满意，其实这是一种供需错配，有效价值服务不足。我们要做的不是代替它成为下一个管理者，而是补充这其中的不足，物业公司不做的我们都能覆盖，比如居民家里半夜停电了可以找我们，就算是突然想抽烟，我们也可以送上门。我们就像业主的管家，有什么需求都能满足。

而在地产寒冬中，张劲也能发现机会。2014 年，君华就把目光投向了安置房、保障房等领域，"当时，我们判断政府会向公司、商业机构购买服务"。果不其然，2015 年政府就宣布 2016 年开始全面推动 PPP 项目，其中包括安置房和保障房的房改，而君华置地则成为进入该领域的先驱。

"我们要做良心企业，为低收入人群找回尊严。少赚一点，也要把保障房标准做得跟商品房一样。"

这种"企业良心"，与张劲对"资源和财富"的敬畏有关。他是一名基督徒，在他的教义里，"当一个人拥有了很多财富，就需要在恰当的时候对财富进行再分配。这个分配的过程，应该是公益的、慈悲的，这正是企业家应该有的财富观。"

投资主要看大势

《环球人物》：如何看热火朝天的风投？

张劲：我个人认为，严格来讲风投没有创造价值，它属于摘帽子行为。你缺钱，我给你1000万。你好了，我摘个帽子就走了；你要不好，我就抛弃你。其实风投毁了中国不少有创造力的企业，扼杀了不少新经济，包括目前的各种重大的并购，背后都是资本在推动，这事实上是在推动垄断，阻止竞争和进步，对老百姓不是好事。

雪松资本要坚定做实业。现在很多风投就是跟风投，像疯子一样"疯投"。

《环球人物》：您投资的标准是什么？

张劲：第一是要看大势，起码看十年。看这个投资有没有什么行业"痛点"，也就是需求。比如房地产，当初中国人住房只有几平方米，是不是有需求，肯定有；你对物业肯定不满意，那么我们就做领壹科技。还有就是坚持，用实业人的心态来做投资，而不是以投资人的心态来做实业。

《环球人物》：当下的经济是一个阵痛期，最主要的迭代是什么？

张劲：旧经济有三个类型——资源依赖、资源掠夺、资源垄断。这三种类型迟早都会死掉，排除这三个类型，依然能够发展的就是新经济。这种新经济不一定全是互联网，我认为互联网早已是过去时。因为互联网本身没有创造价值，它只是技术工具，然后它在经济学的领域催生了一种商业思维。从这个角度来讲，互联网在商业逻辑上有贡献。我个人比较看好O2O，虽然目前没有太成功的案例，但它一定是未来的发展趋势。

《环球人物》：互联网金融的发展态势会是怎样的？

张劲：我非常看好互联网金融行业的前景。与传统金融相比，互联网金融具有碎片化和信息化的新特点，所以，做资管的成本和门槛大大降低，100元也能做理财，都能有尊严地享受服务。而且，信息更丰富、透明，客户可选择的产品大大增多了。但明年，P2P行业将出现"雪崩式崩塌"，未来90%以上的P2P公司会消亡。只有真正做实业、做金融的公司，才能做好互联网金融。

《环球人物》：在这样的大环境中，雪松资本下一步将如何发展？

张劲：从商业角度来说，雪松本身要不断推动各个领域的价值创造，从而推动社会的进步和发展。雪松的企业基因是金融基因，一来我本人是金融学出身，二来我们雪松的战略是以产业为平台，以价值创造理念为指导，以资本运作为导向，坚持多元化的专业发展。从公司内部的目标来说，现在我们公司亿万富翁是有了，下一步是培养十亿和几十亿的富翁，这也是财富再分配，明年就连我们的前台也会有股份。

（撰文：刘雅婷）

方兴东"麻辣点评"中国互联网

人物简介：方兴东，1969 年生，浙江人，西安交通大学硕士，清华大学传播学博士。中国第一代互联网创业者，博客中国创始人，现任互联网实验室董事长。

在第二届世界互联网大会召开的第一天，12 月 16 日晚上 8 点半，《环球人物》记者如约来到乌镇民宿旅店采访互联网实验室董事长方兴东。这位 web2.0 时代的领头人，被称为"中国博客教父"的第一代互联网创业者，曾以其先进、敏锐的思维在中国互联网史上留下浓重的一笔。但随着 web3.0、web4.0 时代的到来，他逐渐远离了媒体焦点。直到 2014 年，距离方东兴当年撰写的《起来——挑战微软霸权》一书出版 15 年后，国家工商总局开始对微软进行反垄断调查，这让沉寂许久的方兴东又"火"了起来。

作为此次大会的重要嘉宾，方兴东可谓是线上、线下的积极参与者，不仅奔走于各个分论坛，参与演讲、讨论，而且从大会开幕到闭幕，一直在朋友圈实时"直播"，每天发的朋友圈消息超过 10 条，图文并茂地展示他的所思所感。

《环球人物》记者见到方兴东时，他正忙着回复邮件，桌上堆着一摊文稿，记者一眼看到其中一篇针对习近平主席开幕式讲话所写的文章，上面还有密密麻麻的圈点标记。在与记者的对话中，他谈论的很大一部分内容也是关于互联网垄断的——中国三大互联网巨头 BAT（百度、阿里巴巴、腾讯）的垄断。或许正如他自己所说："我骨子里是一个书生，而不是商人。"但在《环球人物》记者看来，这个"书生"对当下互联网的点评是毫不吝啬、毫不遮掩的"麻辣"。

"下半场一定以中国为中心"

《环球人物》：您对习主席在开幕式上的讲话有什么感想？

方兴东：确实有高度。他讲话中提出"引领社会生产的新变革，创造人类生产的新空间，扩展社会治理的新领域"，我觉得这"三新"抓住了整个网络空间的本质。短短一年前，乌镇召开第一届世界互联网大会时，有些人还抱着怀疑甚至看热闹的态度。但 2015 年这个阵势，已经展现出中国的国际影响力。我们的视野比原来更开阔，站得更高，整个心态也比原来更开放。

《环球人物》：中国互联网的发展在世界上处于什么位置？

方兴东：目前已经形成中美引领世界互联网的两极格局。我们的网民数量是美国的 2.5 倍，移动互联网用户大概是其 3.5 倍。但中国的互联网普及率才 50% 左右，而美国已达到 80% 以上，基本饱和了。

《环球人物》：那么未来十年呢？

方兴东：整个互联网的未来十年一定是中国的。2014年，全球网民达到30亿人，我觉得这是上半场，下一个30亿是下半场，上半场是以美国为中心，下半场一定是以中国为中心。回顾中国互联网产业的发展，应该从三大门户时期，即2000年左右算起，到现在大概15年时间，发展速度可谓突飞猛进。我们那时候做个市值10亿美元的互联网公司就是一个天大的梦想了，而现在已经出现了市值上千亿乃至2000亿美元的巨头。2000年时，微软市值是5000多亿美元，全球最高，现在他们还是这个级别，目前市值最高的两家，苹果大概6000亿美元，谷歌5000多亿美元。中美之间已经不是数量级的差距了，我觉得这是我们最大的底气。可以预期，再过5年、10年，中国互联网一定会超过美国，这是大势所趋。现在势能在美国那里，而动能在我们这里。

"没有创新就是寒冬"

《环球人物》：BAT总市值在最近一年里比最高点时缩水了2000亿美元，下半年互联网行业又出现了投资寒冬，这是为什么？

方兴东：政府2015年推出了这么多互联网利好政策，为什么行业不进反退？其中最重要的问题，或者说我们最大的不足有两个方面：一是缺乏真正的创新，二是受全球化的影响。我觉得这两方面是我们跟美国差距最大的两个短板。从创新看，优步的O2O很快把全球100多个国家和地区的出租车行业、人们的整个出行方式改变了，而我们的O2O还在送外卖。再如互联网金融，最近e租宝的事，不仅没有创新，还走向了违法犯罪。包括互联网巨头，阿里巴巴2014年融了250亿美元，无论是收购优酷、投资苏宁，还是投资电影，钱并没用在创新上。

在高科技领域，真正的寒冬只有创新的寒冬，没有创新就是冬天。我们致命的弱点就是，创业者不是从创新的角度进入互联网，而是一种投机的、纯粹为了利益而进入，那么这个行业一定不会让你得逞的。互联网行业就是唯有创新才能胜出，想投机取巧根本不可能有任何胜算。

还有全球化。网络是一个全球空间，但我们的互联网包括 BAT，几乎 100% 的业务还都在国内，这是畸形的巨头。在美国，任何一个市值千亿美元的公司，一定是全球化的公司，无论 Airbnb、领英还是优步，业务都覆盖 100 多个国家和地区。从长远来说，如果中国的互联网公司走不出去，一定会面临巨大的夹击。

《环球人物》：所以您觉得造成这种局面，最根本的原因还是来自于创业者本身？

方兴东：对。互联网创业者这 15 年成绩非凡，贡献巨大，但是我觉得其中还是缺少真正的领袖型人物。不是说你钱多，而是你的创新价值观，比如谷歌要连接全球所有的信息、所有的人，而腾讯只是连接中国人。如果中国互联网没有全球视野，一方面不可能再继续高歌猛进，另一方面就是终有一天会遭到全球化公司的围堵。我觉得这些人目前没有意识到这一点，没有危机感。

《环球人物》：从 2014 年开始，滴滴和快的、58 同城和赶集、美团和大众点评、携程和去哪儿纷纷合并，背后也有 BAT 的力量，您怎么看这些合并？

方兴东：从目前来看，中国互联网创新生态恶化了，BAT 的垄断是互联网发展的最大阻碍。如果一个市场不能充分竞争，就不可能有创新。这些公司为什么要合并？因为他们没有创新能力，也就没有竞争力，那么大家就合在一起，放弃竞争。这种只要得到利益就行的思维会给整个互联网行业生态带来局限。

《环球人物》：BAT 的垄断，未来几年会有可能发生改变吗？

方兴东：BAT 这种垄断，远比传统垄断强得多。如果法律，尤其是反垄断法的约束力不到位的话，这种状况不太可能得到改善，除非出现重大的、划时代的创新，才有可能把垄断颠覆。

"马云总能挑到最好的食物"

《环球人物》：在那场被称为"互联网反不正当竞争第一案"的 360 诉腾讯垄断案（"3Q 大战"）中，360 董事长周鸿给人留下了"斗士"的形象，您如何评价他？

方兴东：我们是校友和朋友，但 360 的一些做法有时也让我恼火。很多时候安装东西不知不觉就装上 360 了。但起码他在这些巨头里还是比较敢说敢做的一个，这样的人太少了。敢于挑战 BAT 的人应该很多才行。

《环球人物》：当下互联网新贵您看好谁？

方兴东：从模式和规模上来说，站得比较稳的就是京东。刘强东是站在消费者的立场，做事情非常扎实，物流哪怕累一点也要做。我觉得京东会稳步向前，不是那种突飞猛进的。马云走了一条非常巧的路，他总能够抓住这个时代最好的点，比如"双 11"，就像吃东西，他总能挑到最好的食物。然后就是小米的雷军。在智能手机领域里，我觉得雷军最宝贵一点就是商业思想的创新，基于网络空间做销售的商业模式是走在美国前面的，美国传统企业还没有这么彻底的。但我担心小米的发展有点太快，怎么做到一个正常的发展速度，可能有一定挑战。另外就是滴滴，它能够在优步崛起的时候，利用中国市场的特殊性，在这么短的时间内快速崛起，是很不简单的。

《环球人物》：在这些互联网大佬中，您最欣赏哪个人？

方兴东：我觉得这批人最大的成就还不在财富上，而是确实改变了中国人的生活。他们本来可以更加出色。在互联网价值观上，我认为这些人总体来说还是缺失的。

如果从商业成熟度来说，我还是更欣赏马化腾。这个人像海绵一样不断成长，一边学一边发展。第二个人就是刘强东，他们都能使商业稳步地往前走。

《环球人物》：大数据能否成为未来互联网公司的核心竞争力？

方兴东：我觉得核心竞争力并不是掌握大数据。它不是目的，只是个手段。光有数据本身，你拿来干什么呢？真正需要的是你的核心业务，你要建立起一个基于数据之上的实时动态的业务模式。

《环球人物》：中国互联网商业模式的创新，对全球商业版图有什么影响？

方兴东：从过去的发展轨道看，我们确实有很多新经验。说白了，中国互联网大发展是因为我们有全球最好的互联网用户。看起来中国互联网好像都挺不务正业的，基本上就是好吃、好玩、好乐。但是，对下一个30亿网民来说，这就是他们最大的需求。互联网提供了一种新的娱乐方式，提供一种我跟家人、朋友更方便联络、沟通的方式。正是因为中国网民群体走在世界前面，所以我们很多互联网创新才能走在前面。当然，我还是强调，中国整个产业界还是要有真正的、能够树立起来的价值观。因为只有拥有自己的价值观，你才能走出国门，走向全球，否则就只是一时的成功。

（撰文：宋元元）

桥本隆志：只想做好一碗米饭

人物简介：桥本隆志，1972 年生于京都，日本庄屋米店第八代传人，2006 年创立株式会社八代目仪兵卫公司，专做大米生意。

还有比大米更普通的食物吗？日本一家百年米店的第八代传人桥本隆志，就把这种再普通不过的主食卖出了新花样。

这家老店开设于 1750 年，叫作庄屋。20 年前，庄屋经营陷入了困境。眼看就要开不下去的时候，米店世家的长子桥本挽救了家传企业，成了同行业的耀眼明星。

打响品牌

在东京一座豪华大楼内，《环球人物》记者见到了米店继承人桥本，他高高的个子，粗犷的骨骼，给人的感觉不像是日本人，但举止却带有武士遗风。桥本娓娓道出了庄屋从败落到复兴的经历。米店在日本被称为米屋，人们提到"米屋"时，往往还要在前面加个"御"字，足见人们对米屋的尊敬。在 20 世纪，日本一直是保护粮食和销售商的，开米店成了一桩旱涝保收的买卖，庄屋的生意自然也非常兴隆。

可意想不到的是，1993 年日本发生自然灾害，大米大幅度减产。政府不得不改变现行保护制度，开放了大米的自由进口。由于廉价大米的冲击，再加上越来越多的日本人喜欢西餐，开始疏远大米，庄屋大受打击，经营每况愈下。

这时，桥本刚从同志社大学毕业，就职于一家大通信销售企业。看到家业危机，身为长子的他辞去工作，回家接管米店。最初的七八年，桥本四处奔走，亲自上门推销送货。为了减少成本，他不得不裁掉员工，甚至辞退了亲属，但赤字还是只增不减。桥本几乎陷入绝望。他回忆起来，说这段日子是最痛苦的，"那种不得不拒绝善待自己亲人的滋味儿，我再也不想经历"。

正在制作大米料理的桥本隆志。

转机来自桥本的一个闪念。他在给饭馆送货上门时，发现这里不同的菜肴需要不同的大米。比如炒饭需要筋道的大米，但咖喱饭口感绵柔。大米的味道是不断变化的，即使是同样的产地，也会因为天气、料理方式等外在条件而不同。桥本突然计从心来，不如自己开一家只做大米的饭馆，用自家大米为顾客提供不一样的味觉体验！2006年，桥本的公司成立，起名为株式会社八代目仪兵卫。他和弟弟一起开设了大米主题饭馆——八代目仪兵卫料亭。

八代目仪兵卫料亭的每道菜都有大米的影子，连餐前酒，餐后甜点都没有放过。而这些大米都是桥本精挑细选的。桥本说："好的产品必须经得住岁月的考验。"日本人本来就有匠人精神，桥本更是将其发挥到了极致。直到下锅，这些大米要经过4个步骤的打磨。第一步是选购，为了保证质量，他和大约60个农家签订了购买合同。第二步要亲自品尝，他称其为"吟味儿"，每天都要品尝多种大米，严格筛选。第三步是对打谷脱壳的重视，桥本发明了获得专利的脱壳方法，最小限度地破坏大米的味道和营养。并且为保证品质，所有产品都是收到订货后再进行脱壳加工，以保持大米的鲜度。第四是按照比例和种类，由桥本亲自调成配方米，用来制作不同料理。

这样一家标新立异并且极重品质的店，立即引起了大轰动。每到饭点店门口就大排长龙，后来大阪和京都也有了分店。

花样营销

桥本说，无论做什么，最终的目的还是卖出大米。他的配方米除了用作原材料，还被摆放在料亭售卖，食客吃得满意，就能随手买到，大米销量也跟着涨起来了。为进一步带动消费，桥本又出新招，把大米变成了礼品。他几乎为每一种需求的消费者都做了大米礼盒。小孩生日，送大米；新人结婚，送大米；高尔夫球赛获奖，送大米……

礼品的包装也别出新意。桥本跟一些生意不好做的和服店合作，用高档和服布料包装，并免费为顾客制作赠送问候签，把照片或者书信一同封在礼盒中。就这样，桥本的"贺礼"专用米成为日本人送礼的首选之一，成功跻身礼品市场。

桥本介绍说，除了大米礼盒，公司还积极和相关大企业联合开发新品。比如与日本伊藤园制茶公司合作，推出最适合茶泡饭的米，和松下公司联合起来，又有了一款最适合该公司电饭煲的大米，而这些都增加了桥本家大米的销售量。

桥本还推动了日本大米行业的复兴。日本有一个大米从业人的考试，拿到五颗星的被称为"大米Master（大师）"，但全国通过的人并不多，桥本是其中一个。他绞尽脑汁邀请了跟自己一样的大米Master，组织了每年一届的全国大米评选，从全国挑选大米，评选出前八名。评选标准非常严格，他们品鉴大米的光、香、白，品大米的口感，感受大米的触感、黏度、甜度，以及吞咽时候的感受。评选活动一开始，各家纷纷拿出自己的大米。排前几名的一下就火了，销量大涨，日本大米行业一片欣欣向荣，这无疑也带动了八代目仪兵卫的发展。

桥本说："现代的企业，不应该是一个单一进行买卖的企业，应该是一个综合各种模式，不断更新理念的集合体。"在他的各式营销手段下，公司在市场打开后的第一年，销售额就从原来的2000万日元（1元人民币约合18.7日元），直线上升到8000万日元，之后每年以亿日元单位递增，目前年销售额已经达到了大约15亿日元。

进军海外

小时候，桥本就天天跟大米打交道，经常跑到农田跟农民一起插秧、收稻谷。一直以来，桥本的理想是，让更多人体会到大米真正的香甜。但桥本担心，如今的日本人，包括孩子们都认为大米是没有味道的，因此吃饭要靠菜下饭，这也是日本稻米农业的潜在危机。为此，桥本在各地组织开展大米讲座，还坚持到当地的学校参加孩子们的"食育"教育，亲自上课。他想告诉人们：大米本身就是有味道的，大家应该熟知并热爱自己国家的象征——大米。在日本，大米不只是一种主食，还有更多文化含义。

在传承日本大米文化的同时，桥本也希望能将其传播到国外。他告诉记者，公司已经开始着手开发国际市场，一种用玄米制作的新产品马上就要上市。他说欧美人不爱吃大米，但喜欢这种不同于精细大米的糙米，"我们研制的新式速食玄米粥，用了京都的调味方法，相信会受到注重养生的人喜爱"。记者问桥本是否有进军中国市场的打算。他说："当然希望能和中国公司合作，调配中国的大米。中国那么大，大米必然有产地区分，质量也各有不同，我知道中国东北的大米很好吃，很想去那里看看。"

不过桥本强调，无论他的大米产品走到哪儿，都不会为了追求销售额而扩大量产。为了保证"八代目仪兵卫"的品牌，他将继续坚持择优的方法，并坚持亲口品尝。"我们成功的秘诀之一就是，这么多年从不降价销售。我们相信，只要是最佳的大米，即使价格贵些，人们也会喜爱。"

（撰文：孙秀萍）

杨思卓：私董会不是泛泛的社交圈

人物简介：杨思卓，生于 1955 年，大连人，管理学家，中国领导力学术带头人，北京大学汇丰商学院领导力研究中心执行主任。

跟杨思卓打过交道的企业家，都发现他与许多企业咨询培训师不一样：讲课中，他基本没有亢奋的声调，也没有玄虚的案例渲染，说话慢条斯理，但总能让台下的人在热血沸腾之余，又能沉静下来思考。《环球人物》记者见到的杨思卓，也是一副斯文学者形象，完全没有因为给中国首富当过导师，而摆起架子。

这位在中国领导力学术研究领域颇有建树的专家，有着从官员、企业家、咨询师再到大学教师的经历。正是这种经历，让他把对企业治理的关注，集中到人，乃至"一把手"的角度上来。

从"南下"到"北上"

杨思卓的经历有着鲜明的时代印记，他当过知青、下过乡，那段日子至今令他难忘。农闲时，他沉醉在马克思的哲学世界，还当过大队的"学哲学积极分子"。毛泽东的《矛盾论》和《实践论》对他影响很深，为其"辩证分析问题"打下了基础。

1977年，杨思卓考上牡丹江师范学院，成为"文革"后第一批大学生。毕业后，他被分配到牡丹江市阳明区委，当了宣传干事。不久，便提拔为宣传部长，后任组织部长，成为年龄最小的区委常委。因太年轻，开常委会时，杨思卓总感觉无话可说，十分尴尬。为此，他开始研究区里的各种问题，研究怎么参与对话。当初打下的哲学底子，这时发挥了作用。在之后的常委会上，他语惊四座，得到同事的赞赏。

1992年邓小平南巡讲话后，改革春风吹遍祖国大地，黑龙江省成立了主营边贸业务的绥芬河国际经济技术合作公司。因表现突出，杨思卓被省里选中担任公司总经理。但当时很少有人知道边贸业务该怎么做，甚至连个专业教材都没有。杨思卓边干边学边总结，不但把边贸业务做得红红火火，还写了本《中俄边贸实用问答手册》，成为边贸从业人员必备读本。

5年后，杨思卓到清华大学攻读经济管理专业研究生。一次，联通公司的负责人找他导师，想就深圳的一个项目进行管理咨询。导师带着杨思卓前往。这是他第一次走进深圳这座城市，改革前沿浓厚的创业氛围中，管理理论与实践的激烈碰撞，让杨思卓如鱼得水。项目结束后，杨思卓回到学校，开始系统钻研现代企业管理。

也许是深圳之行影响太过深刻，2001年杨思卓终究按捺不住内心的冲动，辞去牡丹江市旅游局常务副局长的职务，远赴深圳，投身企业咨询行业。2003 年、2004 年间，杨思卓陆续参与了三一重工的组织变革，以及比亚迪和广东核电等企业的战略转型项目。这一过程，让他深感管理咨询师这一职业的幸运与重要，"我既是一个智慧提供者，也是一个智慧收获者，我学到的甚至比付出的要多得多。"2006 年，通过系统地整理与构思，杨思卓完成了《黑钻顾问》一书，成为中国第一部小说体管理咨询专著。

2008 年前后，杨思卓将研究视角集中到企业高管这一群体，出版《六维领导力》一书。是年，北京大学领导力研究中心的一位领导找到杨思卓，邀请其担任北京大学领导力研究中心的副主任，杨思卓再次踏入校门。

经过多年研究，杨思卓发现，企业的根本问题是企业"一把手"的问题，"马云连代码都不会写，但阿里巴巴做到了全球最大 IPO。为什么？他会用人。如果没有好的领导者，其他人才就没有发挥才能的条件，所谓'将帅无能，累死三军'。"

要拿绩效说话

在进驻企业做咨询的过程中，杨思卓参与了不少企业的董事会，他发现董事会作为企业最重要的决策机构，普遍存在效率低下的问题。于是，他受美国私董会的启发，结合中国国情，开始帮助中国企业家在企业内部董事会之外，搭建一个绩效更高的外部决策圈——"私董会"。近来，他发现以私董会名义开展的各种活动越来越多，成为企业家新的"朋友圈"。但各种私董会一哄而起，其中的问题也逐渐暴露出来。杨思卓认为，私董会不是 EMBA、名师讲座和社交圈，私董会的成员也不是听众和学生，而是董事会的参与者与决策者。私董会做得好不好，关键看绩效。

《环球人物》：如果用最短的话，私董会该如何概括？

杨思卓：私董会好比影子内阁。欧洲很多国家的执政党都有自己的内阁，那在野党、反对党怎样去影响政府和国家决策？他们也组织一个内阁，叫影子内阁。在企业管理中，老板的能力有时是不够的，那我们把这些企业家组织起来，组成私董会，用大家的智慧去讨论他企业的问题。这就像一个复杂问题，在一部电脑上没办法处理，我们就把它接到一个服务器上。私董会就是这样一个服务器。所以，用两个字概括叫智囊，三个字叫服务器，四个字叫影子内阁。

《环球人物》：您认为，一个私董会最核心的要素是什么？

杨思卓：私董会有两个目的，一个是决策，一个是学习决策。既然有学习，那就需要导师。私董会最核心的两个角色，一个是"帅"，一个是"师"，也就是组员和教练。一个私董会圈子的"帅"必须是年龄相当、企业规模相当、行业规模相当的不同行业的企业家，通常为8～15人。"师"只有一位，而大多数私董会都缺少专业的导师。

打个比方，一群蚂蚁在开会，一只蚂蚁被摆到了台中央，一群蚂蚁在批评他，说你这做得不对，那做得不对，但那个蚂蚁不知道怎么办，其他蚂蚁也看不清远方的东西，于是大家一起猜测。这时候就非常需要一个蜜蜂，而导师就是这个蜜蜂。但现在的问题是，一群蚂蚁开会，其实是没有蜜蜂的，导师也是蚂蚁的水平。

《环球人物》：那如何解决导师的问题？

杨思卓：对导师来说，理论水平、管理经验、人格魅力，都很重要。但如果导师的优劣仅靠个人能力的话，那这基本是无解的难题。我认为，凡是不可复制的东西，只能称作艺术，不可称作科学。培养合格的导师，需要科学的手段。具体说，导师首先要有正念正道，每个导师都要有统一的价值观。二是导师必须是通才，比方说企业人才问题，其实不是一个人力资源专家能解决的，它还涉及企业战略、企业文化等。三是可复制。在现在的咨询专家中，通才本就凤毛麟角，而能把经验毫无保留传授的更是少之又少。在私董会的研讨过程中，由于大家经历不同，知识体系不同，各说各话，"鸡同鸭讲"，这是相当痛苦的事。怎么办？我们归纳了企业常见的问题及决策办法，总结出6驱系统和54个管理工具。大家掌握了这些，都在一个频道上，通常一天能够解决的问题，我们一个小时就OK了。而且，企业家通过学习，能逐渐从"帅"变成"师"，从"刘翔"变成"孙海平"。

《环球人物》：俗话说，发烧都是病，眼下私董会存在哪些问题？

杨思卓：做一个全景扫描，形形色色的私董会大概分为5类：第一种是"社交沙龙"型。其圈子由富豪、名人加美女组成，大家以社交为目的，最感兴趣的是生活方式和消费时尚，对经营管理不感兴趣。其特征是"私而不董"。第二种是"头脑风暴"型。从开始到结束就是一个头脑风暴会，大家点子不少，讨论热烈，但事实上，脑力激荡作为一个思维工具，只适合创意发散，不适合经营决断。经营决策要创意更要有决议。其特征是"懂而不董"。第三种是"点到为止"型。提出一个议题，轮流发表意见，没有归纳总结，或是只有建议没有决议。其特征是"议而不决"。第四种是"大佬话事"型。邀请一些大老板参加，"大佬"和"小弟"坐一起，大佬侃侃而谈，小弟敬若神明。小弟稍有不同意见，大佬立刻反驳："有本事，你做个500亿看看！"连导师在大佬面前也只能附议。其特征为"决而不议"。第五种是"绩效导向"型。我们追溯私人董事会的源头，在西方其功能主要是决策。董事会不经营决策，就是"不务正业"，就像不以结婚为目的的谈恋爱，有"耍流氓"的嫌疑。一个好的私董会应该是聚集决策，锁定绩效。在里面可以交流感情、整合资源、传播知识，还有经营决策，所谓"且私且董且会"。

《环球人物》：您在主持私董会的过程中，企业家提得最多的问题是什么？

杨思卓：提得最多的是"缺人"，都是"杨老师，各位董事们，我这个主意非常好，市场前景也不错，但是没人干""我们公司销售业绩一直上不去，我的销售总监不给力"，这一类的问题叫伪命题。因为你问他销售总监是什么标准，他会说能拿业绩。那什么样的人能拿业绩？你能把权力放给他吗？你舍得花钱奖励他吗？所以，缺少人才存在的环境才是真命题。鲜花盛开，蝴蝶自来。你想让蝴蝶在这里却弄了杀虫剂，蝴蝶能来吗？所以要改变人才环境。

还有就是转型升级的问题。很多企业都遇到这个问题，但什么是转型升级？自己在哪一级上？想往哪级转？不知道。举个自然界的例子，第一级是植物，往上是食草动物，再往上是食肉动物，最后都被人吃了。有的企业就是草、是树，突然要变成吃肉，你怎么转？

别让社交毁了私董会

《环球人物》：有人说，私董会热是企业培训市场黔驴技穷的结果，您怎么看？

杨思卓：确实有一些"总裁班越上越傻，企业越搞越黄"的说法，这说明企业培训没有解决企业家的实际问题，不过这只是私董会火爆的导火索。不论 EMBA、总裁班还是私董会，火的原因都与我们的时代相关，也就是盛行的圈子文化，这在哪个时代都有。私董会可以看作一个圈子，但不是泛泛的社交圈子，而是一个教育、社交、咨询与投资相结合的圈子，教育圈即学习成长，社交圈是人脉资本，咨询和投资会有知本和资本双重回报。另外，私董会在中国爆发也恰是互联网思维大行其道的时候。私董会的特点是去权威化、社群化，以组员为中心，组员既是学习者又是知识贡献者，这恰好暗合了互联网思维的特质。因此，私董会顺势成为企业家新的学习模式也不足为奇了。

《环球人物》：为什么各种总裁班、EMBA 都解决不了的问题，私董会就能解决？

杨思卓：MBA 和 EMBA 教育，主要是理论的学习，把知识拆散了教授给你，营销的讲营销，战略的讲战略，却缺一门课叫"总成"。这就好比，把一件武器全部拆散了给你，能有用吗？企业面临的经营问题是复杂且快速变化的，解决营销问题，需要企业战略和人力资源配合，是一套组合拳。与之相比，私董会只专注于企业家实际问题的解决。在私董会中，来自非竞争行业的企业"一把手"每段时间聚会一次，互为"董事"，在导师的指引下，通过"互照镜子"毫无保留地深入讨论企业家面临的事业发展和个人成长等各种问题，分清自己的优势和劣势，分享各自的管理经验、创新想法和人生感悟，得出可实施的解决方案，这对企业家当然是有吸引力的。

此外，EMBA 教育往往以"班"为单位，有时间周期，毕业就结束了，但私董会是没有周期的，在美国 10 年以上的私董会比比皆是。

《环球人物》：私董会是否会昙花一现？

杨思卓：有人认为，私董会 90% 将会消失，但我认为还会有新的产生出来，所以 90% 是不会消失的，只是不断地生生死死。

如果这个"圈子"仅仅是圈人圈钱，那一定会进入速生速死的循环。烂圈子只看你圈到了什么，好圈子要看你产出了什么；烂圈子一定会圈出团伙，好圈子会逐步让团伙变成团队。因此，这里面的游戏规则设计，也就是制度建设非常重要。我认为社交化会毁了私董会，绩效化才能拯救私董会。私董会不应当是一般的社交圈子，也不应当是一个没有规矩的团伙，它应当是一个产生巨大社会价值和持续绩效的团队。当然，这个绩效，不只是企业绩效，更是社会绩效。

（撰文：毛阔杰）

朱明跃：我们把对手活活熬死了

人物简介：朱明跃，生于 1974 年，重庆酉阳人，猪八戒网创始人、CEO。曾任《重庆晚报》首席记者。现猪八戒网估值超过百亿，成为中国最大的众包服务交易平台。

《西游记》中，唐僧师徒 4 人，经历重重磨难取回真经，普度众生。在现实世界，也有这样一支团队，经历 9 年磨砺，打造了估值超过百亿的猪八戒网。只不过，这回带队的不是唐僧，而是"二师兄"朱明跃。

不久前，猪八戒网刚拿到 26 亿元投资，成为中国互联网服务交易平台最大一笔融资。"二师兄"也成了财经界的"真神"，因为许多人都很想知道他是靠什么取得"真经"的。

先解决每天一顿饭

朱明跃把采访约在北京中关村的创业大街，他接连走了几家"创业咖啡"，最后在一家店角落的位置停下来，对《环球人物》记者说："我们就在这聊吧，还算安静。"这种对采访环境的要求，可能是出于职业习惯，因为他做过8年的记者。

朱明跃不是新闻科班出身，当过3年历史老师，后来才有机会进入《重庆晚报》工作。"我以前是跑时政和社会新闻，你是跑哪个口的？我是我们报纸的第一个首席记者。"聊起以前的经历，朱明跃来了兴致。

2004年，四川资阳发生了一种怪病，许多媒体都去采访，朱明跃也去采访报道。"我知道想得到有价值的新闻，必须进入病房隔离区。但当时风传，只要感染了这个病毒就会身体变黑，甚至死亡，而且有几例都是这样不明原因死亡的。这种情况下，大部分记者都不敢进去，而我只想把真实情况报道出来，就冒充病人家属，混进了隔离区，后来晚报用整版刊登了《直击四川怪病传染隔离区》的报道，引起新闻界的关注。我也从一个普通记者成了首席记者。"朱明跃说，这些积累和沉淀，让他在日后得到了丰厚的回报。

2006年初，互联网和新媒体的发展引起了朱明跃的兴趣，他琢磨着该干点事——做网站卖东西，生产、采购、物流等投入都太大，资金是个问题；能不能将创意、点子、设计这种东西拿到网上去卖？记者平时写策划、做采访就不需要什么资金投入。于是，朱明跃在网上发了个帖子，悬赏500元想请人做个网站来"卖创意"。很快有个程序员接了单。几天后，一个卖创意、设计的服务交易平台诞生了。至于网站的名字，"一来我姓朱，二来有点胖，就干脆取名猪八戒网吧"。

当年10月，朱明跃辞掉工作，在一个小平房里开始创业。他把这个过程看作是"取经"。"虽然我们不是最早做在线服务交易平台的，但我们前面可学习的对象很少，经营和模式创新都要靠自己摸索，这有点像取服务交易的真经，要经过九九八十一关，在打妖怪中成长。"当时很多人不理解，朱明跃为什么要辞掉稳定的工作，但他是铁了心。"创业没那么纠结，就是一条路走下去，也许是无知者无畏吧。"

朱明跃以为自己抓了一手好牌，看对了大势，但在市场上就不是那么回事了。当时，网站做得最多的就是设计 LOGO 服务。客户需要设计一个LOGO，出价 500 元，提供服务的一方要将其中的 20% 作为佣金交给网站。可那会儿在淘宝上买件衣服都不是普遍能接受的事，何况去说服别人在网上买卖服务，朱明跃也经常被人误会，当成骗子。最困难的时候，6 个人的团队吃饭都成了问题。只有保证每天有 1 万元的交易额，他们才能拿到佣金，所以那段时间"每天一万解决吃饭"，成了团队"核心任务"。

"风来得有些晚"

幸运的是，2007 年，天使投资人找上了门。"那时候，他们问我想要多少钱，我大胆地报了一个数字——200 万；问占股，我说只要不控股就行。他们说，如果你还是晚报记者，没有辞职出来创办这个公司，我一分钱都不给你。原因很简单，你都不敢把你自己那一百多斤压上，我怎么敢把我的资金投给你。可你一个首席记者都敢辞职创办这个公司，我觉得我应该给你 500 万，股份只要 40%。"这话朱明跃听了很感动。

第一个 500 万拿到了，投资人只有一个要求，猪八戒网要具有相对竞争优势，就是要超过其他的竞争者，在市场达到第一的位置。"原本达到这个目标，我们计划用 3 年，结果 9 个月就做到了。"

朱明跃的第一招是严格把控现金流。猪八戒网的竞争对手大都在北上广等一线城市，而他们在重庆，在地理位置上处于劣势。但这被朱明跃变成了优势："我们办公、人员费用都低，这样能节省不少开支。"

省钱只是会过日子，朱明跃还想不花钱做宣传。这时，记者的经历派上了用场。"那时候，我们的同类网站都砸了好多广告费，我们却没花一分钱广告费，就上了《新闻联播》和各大报纸。"这不是朱明跃有多硬的关系，而是他知道媒体关注的新闻点。"我们这种众包模式（一个公司把由员工执行的工作任务，以自由自愿的形式外包给非特定的大众网络的模式）在当时很有新闻价值，不需要花钱做宣传。"

说到底，经营还是看服务。朱明跃把他们的服务形容成一种"极致或变态的服务"，比方一个小公司发布了一个设计需求，网站会有人24小时在线帮企业梳理需求，提供帮助。如果需求发布后，提供方案的人少，他们还会找合适的人来做，"有时候一个需求能给300多个解决方案"。

靠着口碑和服务，猪八戒网有了相对优势，但什么时候能等到"风口"，让更多的中小企业来用这个平台，朱明跃只能傻傻坚持。"我当时坚信服务交易这个市场方向没错，只是要时间慢慢熬。我预判的是3到5年，没想到我们等了8年。"

"等风来"的过程很艰难。朱明跃说："当时有300多家企业跟我们做一样的事，后来都关掉了，这个行业不赚钱，太慢了。"而这8年中，猪八戒网也不断地去试错、去验证。光是商业模式调整和平台改版就进行了7回。他们称之为"腾云计划"。每次改版，几十个人昏天暗地干好几个月。第五次改版时，平台一上线，反映就不行，不到一个月就下来了。"花了几个月做的事，没多久就推翻了，这过程是痛苦的！"朱明跃说。那段日子里，他没把精力放在打败对手上，而是努力让自己活下来。"马云说过，你一定要活到后天，看到太阳，这个非常重要的。后来，投资人给我们投资的理由是：我们把对手活活熬死了！"

钻出"石油和黄金"

熬到第九个年头，朱明跃终于站在了"风口"。在大众创业的时代，中小微企业的需求开始井喷。朱明跃发现，猪八戒网已积累了海量的中小微企业用户、有专业技能的服务商和原创作品库，这些沉淀下来的数据资源，能不能创造更多价值？

于是，猪八戒网成立了一个商标注册服务团队"猪标局"，为平台上的中小微企业提供商标注册服务。"这些延伸服务，都是在平时服务中挖掘出来的。"朱明跃说，猪八戒网是做 LOGO 起家的，也许一个几百块的 LOGO 设计背后，是更大的生意。以前，商标注册是委托第三方商家做的，可有些公司拿了钱，商标却没注册下来，其实他们开始都有预判，不管服务好坏，只管收钱。问题多了，他们就自己组建团队，把注册商标标准化，收费也比市场低，如果注册不成功还会全额退款。没想到，仅半年时间，"猪标局"就成为中国商标总局平均单日注册量最高的公司。类似的延伸服务，如法律、财务等，他们也开始尝试。

在朱明跃看来，平台就是一个数据海洋，他们每开通一个"钻井平台"，钻出来的可能就是"石油和黄金"。为了让这个海洋更宽广，2015 年 6 月，朱明跃做出一个大胆的决定，取消平台 20% 的佣金。这对服务商来说，就是掘金路上再无"过路费"，赚到的钱就更多了。而猪八戒网舍弃佣金，更看重的是延伸出的其他服务价值。

除了数据挖掘，平台的价值还不止于此。朱明跃说，他看到了三重价值：一是连接的价值。比如一个美国的医药公司需要设计一套 VI 系统（视觉识别系统），最后接单的是重庆一个小镇的残疾青年，没有互联网这绝对实现不了；二是基础设施的价值。一个小的设计公司，每天不是忙着做设计，而是找活、签合同、陪客户吃饭，而平台有交易工具、评价系统等，这些节省的精力和时间，就可以更好地服务，拿到更大的单子；三是社会价值。"很多人认为我们是设计行业或者程序开发领域的搅局者，说我们把价格体系打乱了，不懂设计。有一次，我跟一个中国顶级的设计公司老大交流。我问他：在你们超级大的4A广告公司里，设计师一个月收入是多少？他说：8000～50000。但在猪八戒网的平台上，前5万个设计师、程序员，每个月的收入，都在5万到100万以上，许多卖家甚至从个人变成工作室、公司，这给了我很大的信心。"而刚拿到的26亿投资，朱明跃就准备用在这些有潜力的卖家身上，不断地给他提供订单和培训、实战，相当于一个孵化器，让更多的小微企业快速成长。

"如果说淘宝是卖货的，那猪八戒网就是卖'人'的。把个人、工作室、公司放在猪八戒网上贩卖智慧和创意，生产非标准化的、量身定制的文化创意类产品。"目前，这个卖"人"平台上的创意人才数已超过1300万，交易总额超过65亿元，交易品类包含了创意设计、网站建设等400余种。

朱明跃把今天的成功归结于一种取经的心态，一是要不断学习，二是要熬得住。而他们的创业过程也犹如"取经"——《西游记》取经团队原先也不都是"真神"，唐僧有些木讷，孙悟空动不动就闹情绪，沙僧是个戴罪之身，而猪八戒也好吃懒做。但是，就是这样一个团队，通过一步步地克服自己的弱点，最终取得真经。猪八戒网的团队也是如此，他们原本都是重庆本地的草根，没有互联网的从业背景，也没有行业大佬的指点，但就是这样一群普通人，让一个小网站成长为中国最大的众包服务交易平台。

（撰文：刘雅婷）

新常态下，要有反危机准备

人物简介：李扬，生于 1951 年，安徽怀远人。国家金融与发展实验室理事长、中国社科院经济学部主任。曾任中国社科院副院长、中国人民银行货币政策委员会委员。

　　走进社科院李扬教授的办公室，记者便在桌上看到了他的新书——《论新常态》。这题目，无疑是当下经济学界最关注的问题。2014 年 5 月，中共中央总书记习近平在河南考察时首次提出：中国经济发展已经进入一个新常态。同年 12 月召开的中央经济工作会议上，新常态进一步上升为国家战略。习近平指出，"认识新常态，适应新常态，引领新常态，是当前和今后一个时期我国经济发展的大逻辑"。

　　李扬是国内较早研究新常态的学者，也在很多重要场合阐述过自己对新常态的认识和研究。李扬说："新常态其实是一个全球性的现象，中国经济的新常态也应放在全球大背景下，从世界长周期的角度来分析。弄清了本质，就不会因为我们的 GDP 掉了两个百分点而过度恐慌。"

新常态理论的引入

作为学者，李扬最大的特点就是"接地气"，这跟他的经历有关。李扬是安徽人，下过乡，挖过矿，还当过建筑工人。1977年恢复高考后，李扬考上了安徽大学的经济系。大三那年，他看到一批留洋老教授编写的西方经济学的讲座文稿，深受启发。于是，在大学毕业后，报考了复旦大学的资本主义货币与银行专业，也就是现在的金融学。在那个年代，李扬的选择很多人都不理解，但他的理由很简单——西方的经济学更接地气。"它研究的都是身边的事，中国要发展市场经济，需要这样的经济学。"在复旦的3年里，李扬受到了陈观烈、曹立瀛等名师的指点，后来他又去人民大学读了博士，专攻西方财政学。之后，从社科院普通研究人员，一直干到副院长。

从20世纪90年代初，李扬就作为专家大量参与国家政策的讨论和制定，并成为继黄达、吴敬琏之后的第三任货币政策委员会专家委员，所以对社会经济的发展变化有着非常敏锐的判断。

根据李扬的研究，"新常态"一词最早于2002年出现在西方媒体上，指的是互联网泡沫破灭后，发达经济体出现了无就业增长的经济复苏现象。2010年，太平洋投资管理公司CEO埃里安在一份著名的报告中，正式用新常态解释了危机后世界经济的新特征。从那以后，不少国外媒体和学者开始使用这个概念。2014年，国际货币基金组织总裁拉加德指出：全球新常态可以更贴切地表述为全球发展的"新平庸"，表现为主要国家的经济呈现弱复苏、慢增长、低就业、高风险的特征。2015年4月，拉加德进一步警告说：各国应尽快共同采取措施，否则"新平庸"将变为"新现实"。

中国则不同，新常态是中国经济迈向更高级发展阶段的宣示。李扬说，中国早就发现经济中存在大量"不平衡、不协调、不可持续"的问题，也准备纠正这些问题，只是在高增长下，一直没有合适的机会来调整，如今这个机会到了。所以中国提出新常态意味着中国经济的浴火重生。如果说全球经济新常态是对未来世界经济趋势的一种悲观认识，那么中国经济新常态则包含着经济朝向形态更高级、分工更复杂、结构更合理的阶段演化的积极内容。

我们看到了自己的问题

记者：中国是从什么时候进入新常态的？

李扬：中国经济事实上是在 2008 年就进入了新常态。应当清醒地看到，中国经济的动态与全球经济是基本同步的。值得庆幸的是，虽然我们不可能脱离全球经济的影响，但较之全球平均水平，我们的增长平均要高出 4 个百分点左右。这种格局发展下去，中国经济超过美国并引领全球经济发展，将是个大概率事件。

记者：这种转变的原因是什么？

李扬：中国经济新常态最主要的表现就是结构性减速。原因在于：资源配置效率下降、人口红利式微、资本积累的低效率困境、创新能力滞后、资源环境约束增强以及国际竞争压力加大。

记者：习总书记提出新常态，是基于什么背景？

李扬：仔细研究总书记关于新常态的所有讲话，可以看到，他所强调的主要是中国经济发展已经进入了新阶段，10% 左右的增长已经不再可能。作为政治领袖，他的判断非常敏锐。我们必须认识这一点，面对问题，抓住机会。如果错失这次机会，我们在下一经济周期就很难占据先机。我感觉中国是幸运的，因为我们看到了自己的问题。20世纪我们就在说不平衡、不协调、不可持续的问题，所以要转变经济增长方式。但那时候增长率高达9%、10%，过得舒服，大家都不愿意转。现在，经济下行，多数人不舒服了，不得不转了。不过，现在也不迟，方向是对的就没问题。

记者：接下来中国经济的增速将保持在一个什么水平？

李扬："十三五"规划，稳妥一点，在6.5%～7%为宜，"十四五"期间可能还会低一点。看起来速度下来了，但质量、效益在提高。

记者：现在经济中"实冷虚热"的问题怎么解决？

李扬：研究新常态，说到底，就是要有反危机准备。没有什么捷径，只要让经济平稳下落就可以。现在的情况差强人意。观察分析新常态，至少有三个维度：一是数量、规模维度；二是经济运行效益和质量的变化；三是改革的进展。比如，我们现在GDP增速下来了，但空气好多了。如果GDP下一点能换回更多蓝天，不好吗？只要社会不发生较大动荡，这种转型就应当进行下去。从长期发展看，中国正处在向发达国家转变的过程中。这种转变的实质，就是速度不断下降，质量效益不断提高，社会制度不断完善。有朝一日，我们会像发达国家那样，坐看经济增速只有3%～4%。这种转变是我们期待的。

新常态下，宏观要稳定，微观要搞活，社会政策要托底。当然，最重要的是把政策托底做好。

（撰文：刘雅婷）

人民币贬值十问

2015 年 8 月 11 日早间，央行宣布，即日起人民币兑美元汇率中间价报价机制将做更加市场化的调整，"做市商在每日银行间外汇市场开盘前，参考上日银行间外汇市场收盘汇率，综合考虑外汇供求情况以及国际主要货币汇率变化向中国外汇交易中心提供中间价报价"。

消息一出，几年来一直坚挺地唱着"步步高"的人民币骤然转向。11 日收盘时，人民币兑美元汇率就创下了近 2% 的历史最大单日跌幅；3 天内，汇率累计贬值达到 3.5%；14 日，人民币兑美元稍有回升，但单周依然大跌 2.9%。一些国外投资机构预测人民币有可能进一步贬值。围绕这次汇率变化，中国金融学会副秘书长、清华大学金融研究中心主任宋逢明接受了《环球人物》记者的采访，解答了诸多疑问。

问：什么是人民币兑美元汇率中间价？

答：人民币汇率中间价是我国外汇市场的基准汇率，其形成方式是：中国外汇交易中心在每日银行间外汇市场开盘前，向所有做市商（通常是各大商业银行）询价，去掉最高和最低报价后，将剩余报价进行计算，得到当日人民币兑美元汇率中间价。它对引导市场预期、稳定市场汇率具有重要作用。

问：央行为何要调整人民币兑美元汇率中间价的报价？

答：过去一段时间，人民币汇率中间价一直存在偏离市场汇率的现象，做市商报价往往跟前一天的市场收盘价存在比较大的偏差。其中一个主要原因是，人民币多年来一直在升值，相对于实际情况，升得过猛了一些，或者说人民币被高估了。加上目前我国实行的是有管理的浮动汇率制度，对浮动幅度有限制，做市商报价不能报到规定幅度的界外去。两方面因素叠加，导致市场交易价格与做市商报价之间出现了比较大的偏差，不能真实反映市场的供需关系。央行这次调整，就是要加大人民币汇率浮动的范围，维护中间价的市场基准地位和权威性，促进人民币汇率的自由化。

问：央行宣布调整后，人民币兑美元汇率为何出现连续下跌？

答：主要有两方面因素：一是完善人民币汇率中间价的报价后，做市商开始参考上日收盘汇率报价，使过去中间价与市场汇率的点差得到一次性校正。二是近日公布的一系列宏观经济金融数据，使市场对人民币汇率预期出现分化，做市商更多关注市场供求的变化。完善人民币汇率中间价报价后，市场也需要一段时间的适应与磨合。

问：有观点认为，此次调整意味着人民币的升值时代已经结束，未来汇率将一直下跌，您是否同意这个观点？

答：不同意。怎么可能一直下跌？股市近期跌得很厉害，你认为它会一直跌下去，跌到一分不值吗？这是不可能的。外汇市场里有很多投机因素，也会出现"羊群效应"、做空力量，但这一切最后都无法脱离价值规律。人民币汇率下跌与否，归根到底是由外汇市场的供求关系决定的。说这种话的人还是害怕市场，不相信市场的调节能力。

问：中国经济的下行压力是否会引发人民币长期贬值？

答：我个人认为，人民币长期贬值的可能性也不大。因为中国的经济增长率还能保持在 7% 左右，哪怕今后降到 6%，甚至 5%，在全球经济体中依然是强劲的。跟那些增长率在百分之零点几的发达国家相比，人民币怎么可能一下子就变成弱势货币？我相信它依然会是强势货币，因为中国仍然是世界经济强大的推动力。

问：您认为这次人民币贬值的可控范围是多大？

答：这需要我们根据新的数据重新算一遍。我认为比现在再低一些的可能性是存在的，但长久的、持续的贬值不太可能。目前人民币汇率下跌，主要是原来升得有些过高。现在按照供需关系进行回调，是很正常的，甚至比原来更加正常。几年之前，我们给央行提供过一份报告，其中测算的人民币均衡汇率其实比现在还要低一些。

问：之前人民币的长期走强给出口带来了不小的压力，这是否是此次调整的一个原因？

答：现在有很多人误解，认为是要鼓励出口，所以要下调人民币汇率。这个看法是不正确的。汇率下调当然对出口有好处，但这次调整的真正原因是为了改革，使人民币进一步国际化，逐步实现完全可自由兑换。因此，人民币汇率下行是市场供求关系导致的，而不是我们有意地把汇价打压下去以支持出口。这次调整不是宏观调控，而是改革深化，近期汇率变化正是改革的结果。

问：今后出口在中国经济结构中的地位是否会下降？

答：出口仍然是中国经济非常重要的推动力，但我们要提升它的品质。新的经济形势下，出口不能再像过去那样满足于原始的、初级的出口加工，或者是基础性的、大众消费的廉价产品。我们现在要加大出口的软资源比重，包括科技含量、品牌含量、文化含量等，以形成中国出口的升级换代。但这并不意味着我们不再把力量放在出口上。

问：未来外汇市场有可能完全放开吗？

答：市场化的首要目的是反映供求关系，但供求关系不能是无管理的。正如银行会出现"钱荒"一样，汇率市场也会出现"美元荒"或"人民币荒"，当市场突然收紧，汇价会发生激烈波动，这时有管理的浮动汇率制度就要进行干预。但干预的手段会越来越市场化，而不是依赖行政方式。

所谓完全放开，我始终认为是西方自由主义经济学的一种理论幻想，一切由市场解决，甚至连央行都可以不要。我认为这是不可能的。现在全球经济发展如此不平衡，市场需要干预的时候，各国央行都会干预，有管理的浮动汇率制度是必要的。

问：此次汇率变化，对百姓生活、企业经营将产生哪些影响？

答：对普通百姓来讲，人民币贬值会直接影响到出国留学、出国旅游，因为外汇贵了，费用变高了。但这种影响目前还很有限。汇率变化将会对企业产生三方面影响：一是账面风险，有进出口业务的企业，会计报表上会有比较大的变化。二是交易风险，进出口企业买进卖出的时候，收益会发生波动。三是经济风险，涉及表面上跟外汇没有关系的企业。进出口产品有替代效应，进口产品贵了，生产同类产品的国内企业竞争力就会变强，这对百姓日常消费会产生间接影响。毕竟，整个经济是联系在一起的。

（撰文：尹洁）

达沃斯上的青年领袖

全球青年领袖论坛是达沃斯论坛的一个重要项目，已经走过了 10 多年的历程。参加该论坛的"全球青年领袖"都是从各个领域产生的杰出代表，往届的当选者包括：曾为英国首相的戴维·卡梅伦、中国阿里巴巴集团董事局主席马云、美国雅虎公司首席执行官玛丽莎·梅耶尔、美国谷歌公司联合创始人拉里·佩奇等。他们都曾在世界上产生重要影响。

本次论坛从 2000 多名候选人中产生了 187 位"全球青年领袖"，其中有 1/3 来自亚洲。"全球青年领袖"有什么评选标准，他们又有着怎样的人生故事？论坛召开前夕，《环球人物》记者专访了全球青年领袖论坛负责人约翰·杜顿和中国的几位代表——庄辰超、海宇、柳青、金刻羽，希望从他们的讲述中，一睹中国"全球青年领袖"们的风采。

杜顿：中国"新常态"战略受关注

约翰·杜顿

2005 年开始，达沃斯论坛设置了"全球青年领袖"奖项，重点是支持 40 岁以下的各行业才俊。自此，"全球青年领袖"奖项为获奖者搭建了一个社交平台，也成了他们创意的孵化器。2015 年当选的 187 位"全球青年领袖"，涉及商业、科学技术、艺术文化、社会、政府管理等各个领域。杜顿说，这些青年领袖之所以能够脱颖而出，首先是他们在各自领域取得了不俗的成绩，并且还在不断进步。其次，他们拥有巨大的精神力量与很强的自我调节能力。这在商业领袖身上表现得最为突出。

从地域上看，获奖者中北美地区有 44 人，欧洲有 39 人，东亚有 23 人，南亚有 19 人，大中华地区有 17 人，另外还有 17 人来自撒哈拉以南非洲，15 人来自中东地区，13 人来自拉丁美洲。女性代表在 2015 年的获奖者中尤为突出，并且她们有一半来自经济迅猛增长的地区。这说明，将成为未来世界领导者的优秀青年在性别选择上的范围正越来越广。

2015 年，论坛的主题将聚焦"新增长"，讨论可持续发展新战略。杜顿告诉《环球人物》记者，这与 2014 年的"创新"主题息息相关。他说，中国正在进行经济模式转型，从劳动密集型产品出口模式，转型到强调创新与内需的新模式。在这个过程中，创新将成为未来增长的关键因素。他认为，这将是一个从"中国制造"到"中国创造"的进步。而主要关注点集中在两方面：一个是中国金融市场的短期波动，另一个是中国应对"新常态"的战略与政策。"由于中国在世界经济发展中扮演着越来越重要的角色，所以看到中国的增长，很多国家在重新思考他们的战略部署。"

当前，中国正进入大众创业，万众创新时代。杜顿说，这一届青年领袖中的创业家也给他留下深刻的印象。比如新西兰软件创业者维多利亚·瑞森——他的公司野火版被谷歌以 3.5 亿美元收购，还有伊丽莎白·霍尔姆斯，她辍学后创办了一家血液分析公司，现在估值 90 亿美元。杜顿从事全球青年领袖论坛的管理工作已有 7 年多的时间。这期间，他接触了很多"全球青年领袖"，看到他们给全世界带来的积极影响，很受触动。"他们极具创造力，即使遇到困难和挑战，也不会停下脚步，而是去努力寻找解决方法。"杜顿说，达沃斯在纽约举办了研讨会，希望能给"全球青年领袖"们提供交流平台，碰撞思维火花，孵化出更多有影响力的新创意，以应对未来的全球重大挑战。

庄辰超：推动市场巨变的核心力量是技术

业内人士都叫 39 岁的庄辰超"CC"，因为他在大学时期的邮箱地址是 cczhuang。公司里的人也这么叫，因为这是去哪儿网站的一个规矩，即在公司里不许有敬称，也不许叫职务，所有成员必须直呼其名。

庄辰超从小就是一个极客，大三时跟同学一起创业做搜索软件，融资百万；接着又和美国人戴福瑞做了体育门户网站鲨威，在 2000 年互联网泡沫破裂之前，以 1500 万美元的价格卖给了李嘉诚。然后他去了美国，在世界银行设计开发内部网络系统。2005 年 5 月，庄辰超在北京创办去哪儿网，2013 年 11 月登陆纳斯达克，总市值达到 37 亿美元。这份个人简历称得上炫目。在过去 10 年中，去哪儿网保持了每年超过 100% 的高速成长。2015 年 5 月，携程主动提出收购去哪儿网所有流通股，庄辰超则以内部公开信的方式予以拒绝，并宣称，"去哪儿才是最终的领导者"。

对庄辰超来说，中国在线旅游市场的竞争才刚刚开始。未来的旅游业务将全部互联网化，那将是一个年交易额在 1 万亿元以上的大蛋糕。目前，去哪儿网加上携程的交易额只有 2000 亿元左右，"我们刚刚吃到蛋糕的边儿"。吃蛋糕的过程可能不会那么简单，但庄辰超坚信，任何一个行业的变革都是技术进步的产物，当一种新的模式被发明出来后，旧经验瞬间失效，世界即被重构。这个过程将充满挑战与刺激，当然还有巨大的成就感，用他自己的话说："我最大的乐趣，是用简单的方式解决复杂的问题。"

很多成功的企业最初都源自不经意的偶然。但庄辰超及其团队在 2005 年创办去哪儿网时，却是深思熟虑的结果。庄辰超告诉《环球人物》记者："我们几个创始人最初根本不了解旅游业，但自从在北京大学听过张维迎的经济学课程后，我们就开始对宏观经济、产业变革进行分析。当时完整分析了内地旅游市场，按照测算，市场规模大约有 2 万亿元，其中会有许多良机成为行业领导者，所以我们最后才决定做旅游搜索。"

去哪儿网创始团队信奉理论至上。庄辰超认为，在高速变化的世界中，需要寻找那些不变的东西作为信念的依托，而理论在 100 年内很少会有变化，去哪儿网正是以理论为依据的。在他看来，书本中蕴藏着"公开的秘密"，最大的牟利空间，就是理论和实践之间的差距。过去 10 年中，在线旅游市场发生了一些变化。如果说携程的崛起是靠商旅市场，那么去哪儿网的崛起就是由普通消费者带动的。2013 年底，去哪儿网在机票业务上超过了携程。加上无线领域的领先，目前只剩酒店业务处于第二的位置。庄辰超希望去哪儿网继续在酒店领域发力，争取在每个细分市场取得第一。"去哪儿网拥有长期发展的潜力。我希望去哪儿网未来能成为一个更加国际化的公司，能一直在无线端保有最大的市场份额和优势。"

目前，整个在线旅游已经开始无线化，完全向移动端倾斜，这是 10 年前无法想象的。庄辰超告诉《环球人物》记者："以前要花 5 年时间建立的壁垒，现在可能只需要半年就全部被打穿。"他预测，未来的国内旅游市场将从以高端旅游为主过渡到以休闲旅游为主，消费人群会从一线城市慢慢转移到二线城市。"这就要求旅游产品的信息更加准确、经济，以满足消费者去陌生国度、第一次出行以及自费出行的需要。"

这一切都离不开技术的进步。正是这种力量促使庄辰超不断前进。"推动市场巨变的核心力量是技术。去哪儿信奉一套技术创造价值的逻辑。如果技术可以降低成本、提高效率，那么提供技术的人就理应分享这部分节省出来的价值。比如，提供更准确、更经济的票务信息，这是可以持续改进的技术，也是去哪儿网可以长期存在的核心竞争力。"

当《环球人物》记者问庄辰超，如何评价自己的职业生涯时，他回答："如果有机会重新来过，我还是会选择创业。"但具体的过程可能会不一样。"在这个充满各种可能性的时代，一个青年领袖应该拥有不断打破现有规则的力量，"庄辰超说，"这是青年领袖最重要的素质。"

海宇：青年人要敢于超越传统界限

　　海宇总是穿一身职业套装，大波浪卷发，妆容精致，说话干脆。达沃斯论坛前，海宇匆匆飞回埃塞俄比亚，她在这里发起了"非洲制造倡议"组织——一个专注于帮助非洲轻工业发展的公益组织。海宇说，她在非洲工作生活了4年，这里已经成了另一个家。

　　1978年，海宇出生在长春。海宇说，她出生的这个年代与中国改革开放同步，"我赶上了中国发展的好时机"。读中学时，海宇进了长春外国语中学。1995年，学校选送10个交换生去英国读书，因为成绩优秀她入选了。十几岁的女孩，拖着比她还高的行李，第一次走出国门。海宇告诉《环球人物》记者："我那时没有太多想法，就知道要好好读书，然后进大公司。"后来，她考上了英国的大学读精算，毕业后进入很多人梦寐以求的伦敦金融城。30岁之前，海宇就成了苏黎世金融集团中华区首席精算师。

海宇

　　事业正顺风顺水，海宇却跟老板提出辞职。海宇说："人到30岁时，总会对生活多一些思考，在金融行业做下去，未来怎样都能看到，我总觉得还缺了些什么。"辞职前，海宇曾去清华读EMBA，有一门课叫领导力发展。

老师问她最想要什么，她意识到"人生的意义不应该只是在一个企业里，从一个小螺丝钉做到一个大螺丝钉"。

2011年，海宇收到一家公司的邀约，去非洲考察。这个人均 GDP 只有几百美元的地方让她感触很深。海宇住在亚的斯亚贝巴的喜来登酒店，花园里种满玫瑰，酒吧不时传来音乐，但唱歌欢笑的都是白皮肤蓝眼睛的欧美人。海宇想起小时候，父亲带她去大酒店过生日，因为价格太高只好离开了。"我想亚的斯亚贝巴的酒店外，一定有和我当年一样的小女孩。"就是这一瞬间，海宇下决心留在那里。

当年10月，海宇成为华坚集团海外市场的首席执行官，负责在非洲埃塞俄比亚的投资项目。但在非洲做生意，哪那么容易。海宇刚办鞋厂时，从中国买来的原材料被海关扣了，原本是给分管官员"塞钱"就能解决的事，她硬是找来海关20多位官员，让他们参观工厂，给他们讲自己做的事情。折腾了一番，通关从此顺利了。6个月后，鞋厂出口翻番，短短1年成为埃塞俄比亚最大的出口企业，还为当地创造了近4000个工作岗位。

2013年，埃塞俄比亚总理海尔马里亚姆访华时，海宇作为唯一的顾问，乘着总理的专机回到中国。埃总理对她说："我特别感激你，帮助我们树立了一个成功样本。我希望出现成百上千个这样的企业，所以需要你来做顾问。"那一刻，海宇觉得自己的使命不仅是帮助一个企业走出去，还要让更多企业看到非洲的潜力。之后，她离开华坚集团，接受了埃塞俄比亚、卢旺达、塞内加尔、利比里亚等多国领导人的邀请，出任国家工业发展顾问，还被联合国工业发展组织聘为亲善大使。

现在来看当时的决定，海宇说："今天中国作为世界大国，在国际社会承载了更多的担当。我常想，每一代人都有历史和祖国赋予的责任。因为父辈在中国改革开放后的努力，我们才有更好的学习机会和国际化视野。

我是中国改革开放的受益者，如果将中国的发展模式和经验带到非洲，就可以帮助非洲经济转型，让更多人摆脱贫困。"

对于当选 2015 年的"全球青年领袖"，海宇告诉《环球人物》记者，这份荣誉与认可带给她更多的是责任。"成为'全球青年领袖社团'的一分子，更要发挥各自不同的才能，运用自己的专业技能、知识和人际网络，互相学习，探索具有前瞻性的创新方法，注重超越传统界限开展协作，解决各种问题，让我们的世界更美好。"

柳青：创新需要"速度与激情"

柳青

从柳青出道的那天起，一个标签就如影随形：柳传志的女儿。谈到这一点时，柳青很坦率："我很幸运能出生在这样的家庭。"在中国，有人把柳传志称为 IT 业的"教父"。在这样的父辈光环下生活，多少"×二代"

都活成了阴影。37 岁的柳青却不一样，简历一摆，可圈可点。

2000 年，柳青从北京大学计算机系毕业，两年后在哈佛大学获得硕士学位，同年加入高盛（亚洲）集团投资银行部，从事分析员工作。在人才济济的高盛，同事们对柳青的评价是"工作狂"。柳青自己回忆，刚进入投行的第一年，基本上每周工作 100 个小时以上，最高纪录达到 140 个小时，"脸上全是痘痘"。

12 年的时间里，柳青在高盛的晋升之路非常顺利：2004 年，她进入直接投资部；2008 年晋升执行董事；2012 年成为亚太区董事总经理，也是高盛历史上最年轻的董事总经理之一。那个时期，柳青每年要看 500 ～ 700 个项目，考察目标企业所在的行业和团队成员，领域覆盖医疗、健康、消费、金融服务等多个产业。很多人对她的口才印象非常深刻，公认"很大气，撑得起场面"。

2013 年 9 月，高盛打算投资滴滴打车，几番交涉下来，合作没谈成，负责谈判的柳青却跑去给滴滴打工了。当时滴滴成立才 1 年多，市场占有率却超过五成。创始人程维此前在阿里巴巴工作了 8 年，曾是阿里最年轻的区域经理。据程维介绍，他只用了一两周时间，就撬走了高盛打造 12 年的墙角——把柳青"挖走了"。

或许是时势使然。柳青透露，加入滴滴的事情跟父亲商量过，但只是"在务虚的层面上谈"。她表示自己想换个平台，而柳传志最关心的是，柳青能否融入这个平台，因为两个行业差别太大。他给柳青的建议是"一定要接地气"。

带着对新兴行业的良好预期，2014 年 7 月，柳青正式加盟滴滴，出任首席运营官。短短半年时间，她便促成了一笔 7 亿美元的融资。2015 年 2 月，柳青被任命为滴滴总裁。10 天之后，滴滴和快滴宣布合并。业内人士透露，柳青在这个过程中起到了关键性的推动作用。

2015 年 5 月,首届"全球女性创业者大会"在杭州举行。柳青出席并做了题为《速度与激情》的演讲。柳青说:中国每天约有 4.6 亿次的出行,是在非常低效的情况下进行的。我们希望滴滴快的能解决这个问题,即以不断增长的速度,能够高效地出行,这是我们的使命。

入选"全球青年领袖"的柳青身上有一种象征意义,她和她所代表的女性企业家群体正在崛起。在目前的全球商业和公共领域里,女性领导者的数量正在逐渐增加,她们所从事的领域越来越广泛和多元化,话语权正在逐渐加强。

或许还有更深层的意义:新一代的互联网女性领袖,正在推动中国社会快速前行,不仅是跟随或赶上世界的脚步,在某些领域已经走在世界前面,随时可能改变人们千百年来的生活方式。对柳青自己来说,"最烧钱的女人"这个头衔,意味着她已经完成了从投资人到创业者的转变。

金刻羽:提高效率是我们的首要问题

32 岁的金刻羽是 2014 年获评的"全球青年领袖",但她同样关注 2015 年的达沃斯论坛主题。自从成为"全球青年领袖",她就被某些媒体描述为"出身比你好,比你聪明,还比你努力"。在偶像崇拜者眼中,凡年纪轻轻就跻身"精英"行列的才俊们,都可以拿来做成功的典范,尽管金刻羽自己并不这样认为。

毋庸讳言,金刻羽"起点非常高"。她的父亲金立群历任财政部副部长、中金公司董事长等职,如今又刚刚被亚投行选为候任行长。同时,他也是一位文学爱好者,曾翻译过著名的投行巨著《摩根财团》。他给自己的女儿取名"刻羽",出自宋玉《对楚王问》里的句子:"引商刻羽,杂以流徵,国中属而和者不过数人而已。"引商刻羽,这是比阳春白雪更高一层的追求,在日后果然得到印证。

金刻羽

据媒体报道,金立群夫妇对女儿的教育倾注了很大的心血。金立群曾透露,他们一直采取开放式的教育方式,尽量让女儿自己去发现适合她的事业。从金刻羽小时候起,家庭就为她创造了良好的学习环境,侧重培养兴趣爱好。14岁时,金刻羽赴美求学,进入纽约哈瑞斯曼高中,3年后获得哈佛大学全额奖学金,2009年获哈佛大学经济学博士学位,随后进入伦敦政治经济学院任教。她曾在国际顶尖学术刊物《美国经济评论》上发表过两篇论文。2012年,她与父亲一起在《金融时报》发表了《欧洲应向亚洲取经》的文章,建议欧洲各国学习亚洲务实的精神。

《环球人物》:你的经历被很多国人视为成功的典范,你认为自己是成功的吗？

金刻羽：从我自己对成功的定义来看，还没达到这个标准。我以一个人对整个社会或者社会某个方面的积极影响来衡量成功。我对那些为知识和科学做出贡献的学者的成功深表敬意，而如果这些知识能直接有助于人们的日常生活就更值得尊敬。我也很欣赏艺术和文学上的成功，以及那些努力让世界变得更美好的社会企业家的成功。在人生的这一阶段，我看重人的品格、责任感以及进取心。

《环球人物》：中国经济正处于转型期，你认为最关键的是解决什么问题？

金刻羽：认识到什么是需要做的很容易，但落实这一过程会很困难。因为这要求在许多方面做出大规模调整。从结构的角度，需要取消经济中那些以优先进行工业化为核心的扭曲性政策。这样的工业化进程已经造成较少的就业机会，对投资和出口的严重依赖，受到抑制的工资水平以及为补贴部分受扶持产业和公司而采取的金融抑制，等等。我认为，当前经济中的漏洞都与一个被高估的产业战略有关，这样的产业战略不再适合中国现阶段的发展。目前，应该大力发展服务行业，来吸收大部分从制造业被转移出来的劳动力。取消对工业生产和出口的补贴政策是当前的重要问题，在这之后我们可以再讨论金融体系的低效率和创新等问题。当前的宏观经济结构循环不大顺畅，但更难的部分在于实施，即取消一些扭曲性的做法，使经济在长期内获得更高的效率。同时，为了使家庭消费稳健地发展，要能接受在一个阶段之内相对较低的增长。

《环球人物》：目前我国政府提出的亚投行、"一带一路"等战略对经济发展将起到怎样的作用？

金刻羽："一带一路"是中国领导人提出的区域合作规划，顺应了在这个区域内的有关国家的诉求，符合广大沿途国家的利益，因而获得积极响应。事实上，欧洲国家对此也非常感兴趣，因为这有助于促进欧亚大陆的互联互通，从而极大地推动亚洲和欧洲间的贸易和跨国投资，最终有利于改善实际收入。

基础设施建设对经济和社会发展的作用是显而易见的。中国在20世纪六七十年代的基础设施非常落后，改革开放之后，国家利用国际开发机构和国际资本市场的资金、配合国内自有的资金，大规模地进行基础设施的建设，包括公路、铁路、港口、机场、电力和城市基础设施，为中国经济在90年代初的腾飞奠定了扎实根基。中国的经验值得其他发展中国家借鉴。根据这一个规划所进行的基础设施建设，对有关沿线国家来说，都是双赢和多赢之举，"一带一路"的效益将会逐步释放出来。当然，中国将会为这些国家提供必要的资金、技术和优质产能。跨区域贸易甚至比国际贸易更加重要。互联互通有助于降低运输成本，增加流动性，减少区域内部的贫富不均和跨区域的价格差异。同时，通过进一步的共同努力，加强区域合作，促进和谐，也会对地区的稳定带来间接的好处。

《环球人物》：从学者的角度看，你认为"全球青年领袖"最重要的品质是什么？

金刻羽：树立最高道德责任的榜样，展现兢兢业业，坚韧不拔，一心一意地致力于为社会和人民群众服务。

（撰文：刘雅婷 / 尹洁 / 毛予菲）

张晓晶：我为国家写账本

张晓晶，生于 1969 年，安徽人。社科院经济学部主任助理、中国国家资产负债表课题组副组长、国家金融与发展实验室副主任，中国宏观经济运行与政策模拟实验室首席专家。

老百姓过日子，要知道有多少家底。一个国家要发展，更要精打细算。而张晓晶就是那个给国家记账本的人。2011 年，中国社科院经济学部成立国家资产负债表课题小组，张晓晶担任副组长，并于 2013 年发布了首份"中国资产负债表"。2015 年 8 月，课题组的第二部成果《中国国家资产负债表 2015：杠杆调整与风险管理》出炉，整理记录了 20 世纪 90 年代初到 2013 年的经济数据，再度引起关注。

张晓晶告诉《环球人物》记者："这账本中数据是挺多，一花一草值多少钱都收录在内，但'国家资产负债表'的概念不难理解。每家企业都有资产负债表，一栏记资产，一栏记负债，自己有多少钱，借了多少钱，账目一清二楚。我们也制了这么一张表，记录了整个国家的财富与债务。"

国家这本"账"怎么算

国家资产负债表课题组现在由十多名专家学者组成，其中还有来自国际货币基金组织的高级经济学家。虽然小组成立只有 4 年，但张晓晶关注、研究这个问题要更早。2000 年，他从北大念完博士后，进入社科院经济所，一直从事宏观经济研究，也曾为"十一五"和"十二五"规划做过评估。2006 年，张晓晶到哈佛大学与美国国家经济研究局访问交流，后来他与一位经济学家合作完成了一篇学术论文，主题就是国家的综合负债。

张晓晶

2007 年 8 月，美国爆发次贷危机，接着演变成国际金融危机。张晓晶说："欧洲几个国家比较典型，希腊、西班牙等国都出现了债务危机，国家差点破产。在美国，危机最初出现在房地产、银行等私人部门，但政府不能坐视不管，于是私人部门的危机还得政府埋单，最后演变成主权债务危机。一时间，国家债务问题凸显出来。这个时候，国际货币基金组织已开始使用国家资产负债表分析方法来研究债务危机。"

这让张晓晶再度关注国家资产负债表，意识到它的重要性。"国家积累了多少财富？借了多少债？一旦发生危机，有没有能力处理？我们都能在资产负债表中找到答案。过去我们谈国家治理和国家能力，讨论的多是税收能力，是流量概念。而资产负债表中的数据更强调存量，反映国家积累财富与偿还债务的能力。"张晓晶说，这张表不仅为应对危机，日常国家治理也得有一本账，哪些数据反映了什么问题，我们该如何调整，才能避免问题扩大化。

中国记这本"账"算是刚起步，在一些发达国家已有很长的历史。20世纪 60 年代开始，英美等国就在国民收入方面，进行了国家的资产与负债的统计。现在，美、英、德、日等国资产负债表的编制工作已成体系，并且会定期发布。

张晓晶介绍说，在部门分类方面，我国资产负债表参照全球通用标准，分五大部门——政府部门、居民部门、非金融企业部门、金融机构部门与对外部门，除了各科目的资产与负债统计，资产负债结构分析也会在报告中体现。"做这张表，我们就像账房里的记账先生。眼皮子底下的东西是不是都要录入，该放入哪个科目，都要考量。"他打比方说，一个酒店的桌子、椅子，甚至花花草草都归其所有，酒店属于非金融企业，这一类将折现纳入非金融企业资产；对于居民而言，最典型的资产是住房；政府资产包括中央政府、地方政府、行政事业单位以及国有企业的资产；金融机构的资产与负债计算的是银行、证券公司等；对外部门资产是外汇储备。当然，这其中具体算法也有争议。比如，故宫里的东西该折多少钱？法国卢浮宫、奥赛博物馆以及很多发达经济体，都收藏了大量的古董文物。但在他们的国家资产负债表中，有的古董文物只是象征性计入，比如 1 美元，因为这些不易变现或者不能变现。"所以，我们在统计时，故宫里价值连城的文物就并未计入。"还有争议比较大的是土地价值。这些土地在危机时刻是否都能变现？显然不可能。所以这部分国有资产我们需要谨慎对待。"我们的计量方法是，利用土地上的净产出，以一定的折现率倒推土地的价值，比如计算土地上的农作物。在报告中，我国土地的价值为65.4亿元。"

我们的家底能应对 1.5 次危机

《环球人物》：中国现在已经是世界第二大经济体，我们到底有多少家底？国家的净资产是多少？

张晓晶：这本账确实很"厚实"。累加居民、政府、金融、非金融企业以及对外部门的所有净资产与负债，就构成了国家总资产。从2007年到2013年，我国国家总资产从284.7万亿元增加到691.3万亿元，年均增长67.8万亿元。

而更能反映家底的是国家净资产，它是国家总资产减掉国家总负债。从总量上看，2013年，我国总的净资产为352.2万亿元。从结构上看，净资产有个鲜明的特点，因为我国公有制为主体的经济结构，国家财富中很大一部分来自国有经济、国有企业，比重占三至四成。西方国家是私有制，政府资产极少甚至为负。

《环球人物》：政府掌控的财富比重大，是好事吗？

张晓晶：政府有钱，掌握的资源多，处理危机的能力就强。换句话说，有钱就底气足。不过，大量资源由政府掌控可能会导致效率不足。但这不是说所有国有企业都如此，只是有一些国有企业存在这一问题，所以才会有国有企业改革、提高效率，实行混合所有制的讨论。

《环球人物》：家底厚起来的同时，我们的债务问题是否也跟着来了？

张晓晶：有很多外国专家，喜欢讲中国的债务，说我们有债务风险、债务危机。这几年政府债务是在急速上升。从政府债务占 GDP 比重看，2008 年后，该指标从 40% 提高到 57.8%，6 年里上升了 17.8 个百分点。不过，很大部分借款用来搞基础设施建设，债务多，但有对应的资产在，不少还是优质资产。更重要的是，我们估算的主权资产（中央政府、地方政府加国企）净值超过 100 万亿元，就是说我们的主权总资产减掉总负债还富余 100 万亿元，而且政府变现能力比较强，可动用的财富有 28.4 万亿元，表明政府有足够的资源应对债务清偿问题。

目前值得担心的是流动性问题，即地方政府家底很厚，但短期内还不能变卖家产来还债，就要靠中央财政的债务置换、银行的贷款周期等缓解短期流动性问题。

在美国，为什么会有地方政府破产？这是因为州的、地方的财政独立于联邦财政，地方财政出问题，自己担责，联邦不管。在中国，中央和地方是绑在一起的，地方出问题，中央一定会管。所以，不用担心会出现地方债的危机。

《环球人物》：所以，这张国家资产负债表告诉我们，危机不会来？

张晓晶：改革开放以来，我们几乎没有真正遭遇过危机。危机似乎离我们很遥远。但谁说社会主义就没有危机，不到事情发生那一刻，我们不会知道压死骆驼的最后一根稻草是什么。有人认为对中国来说，这根稻草可能是美国加息。美国加息，美元升值，资本外流，外汇储备减少，货币的增发渠道随之减少，货币紧缩，然后引发一系列其他问题，导致危机。

有人说，国家有钱，可以救啊。我们做了个实验，假设最坏的情况下，一次金融危机导致 GDP 损失了 30%，我国 352.2 万亿元的净资产可以应对 1.5 次金融危机。

到底要不要杠杆

《环球人物》：2015 年的国家资产负债表的主题之一是杠杆调整，现在全社会的杠杆率有多高？

张晓晶：所谓杠杆率，是指债务水平占 GDP 的比重。2014 年，我国的杠杆率为 217.3%。虽然与一些发达经济体 300% ～ 400% 的杠杆率相比，中国还不算高。但有两点值得警惕：一个是中国实体经济的杠杆率从 2008 年的 157% 上升到 2014 年的 217.3%，这样快速攀升风险很大。另外，中国企业杠杆率为 123.1%，差不多是国际上最高的了，这也是当前风险所在。从全球范围看，2008 年前，全球杠杆率的上升主要由发达国家导致，但从那以后，全球杠杆率的上升主要归因于发展中国家。这意味着，发展中国家可能成为下一场债务危机的主角。中国作为世界上最大的发展中国家，正处于杠杆率不断提高的过程中，要保持高度警惕。"去杠杆"在所难免。

《环球人物》：具体看，杠杆该如何调整？

张晓晶：把资产负债表拆开看，非金融企业杠杆率和地方政府的杠杆率偏高。居民和中央政府，我们是鼓励杠杆率往上走的。

政府的杠杆率为 57.8%，其中中央政府是 15.1%，这个数字肯定是要往上走的。因为从资产角度，随着市场化改革，国家掌握的财富变少了，分子小了；而从负债角度，政府的负担越来越重，医疗、教育、社会保障，政府要花的钱越来越多。政府部门的这张资产负债表，将会变得与日趋成熟的市场经济体一样，会有更多的负债，这很正常，是大方向。

在居民部门，我们现在的杠杆才 30% 多，发达经济体 60% 都是正常的，比如日本是 65%，美国是 77%。我们提倡提高居民杠杆率的初衷是，刺激消费和投资。没钱花，国家借给你。这些年，我们的消费习惯有了一些改变，房贷、信用卡越来越普及。最近还有一个很火的杠杆，就是股票融资、融券以及场外配资。

从2014年下半年到2015年6月，股市大盘狂飙3000点，有些人利用这个政策，融资加了杠杆，挣了不少钱。这两个月，股市又大跳水，不少人开始质疑股市杠杆，他们认为风险太高了，甚至出现反对股市杠杆的声音。我认为，杠杆可能只是问题之一，加了杠杆后股市波动幅度更大，监管部门没有把握到这个规律。但杠杆是否应该负全责，可能要打个问号。杠杆本身就是一个工具，好与不好就看我们怎么使用。所以，要让杠杆完全撤出股市，可能性比较小。

《环球人物》：在这方面，国家的大战略是怎样的？

张晓晶：这个很明显，由于非金融企业杠杆率高，我们要降，政府、居民部门杠杆率有上升空间。大力发展股市，企业可以更多从股市融资而不是从银行贷款，其杠杆率就会下降；而股民如果借助杠杆投资股市，那么就会导致居民部门杠杆率上升，这就是所谓的杠杆的腾挪。而最近的债务置换就是地方政府杠杆向中央政府的挪移。从国家资产负债表，我们能清晰看出这样的战略思维。不过，杠杆腾挪过程中无论是加杠杆还是去杠杆，都要靠市场来完成，要让市场发挥决定性作用。政府如果操之过急、不当干预，有可能适得其反。这是近期股市的剧烈波动给我们的启示。

（撰文：毛予菲）

孙利军：100 亿启动农村淘宝

人物简介：孙利军，生于 1977 年，浙江临安人，毕业于浙江大学。2001 年进入阿里巴巴，现任阿里巴巴集团副总裁、农村淘宝事业部总经理。

作为阿里巴巴副总裁、农村淘宝事业部总经理，孙利军可以说是最接地气的高管。自从 2014 年 9 月农村淘宝项目启动以来，他不是在农村就是在去农村的路上。即便是接受《环球人物》记者采访，也只能挤出吃饭时间，因为他的下一站还在农村。

农村电商是不是蓝海

什么是农村淘宝？是待在农村逛淘宝，还是待在城里淘农村的宝？孙利军说这两个答案都不全对。

他先给记者列举了一组数字：2014 年，农村网购市场总量已超过

1800 亿元，预计 2016 年将突破 4600 亿元。4600 亿是个什么概念，如果拿这个数字参与 2013 年全国各省 GDP 排名，可以甩掉 4 个省份。尽管农村市场这么大，但消费现状并不乐观，仅仅一个邮寄的问题就很难解决。孙利军说，他去过宁夏、甘肃一些很偏僻的村，虽然基本村村都有邮政，但有邮政并不代表电子商务的路就通了。因为从县城发快递到村，邮费便宜的 20 元，贵的要 50 元，时间有时要一周。如果农村物流费用一直这么高，农村怎么可能长出电商的基因？

所以，农村淘宝要做的，就是通过与各地政府合作，以电子商务为平台，搭建县村两级服务网络，实现网货下乡和农产品进城的双向流通。具体来说，他们会在县级建立物流仓储和运营中心，县级运营中心的"阿里小二"负责培训村里的"掌柜"，组织促销活动，打通县村物流，村里的"掌柜"负责代买代卖，帮村民下单收货或往外地发货，这才是农村淘宝。而村淘主要是根据农民需求挑选出来的一些产品，比如现在村淘最畅销的就是大小家电、农资农具等。

孙利军说，做村淘这件事，马云想了 5 年。3 年前，阿里曾在农村试水，做中国特色馆项目——把各个地方、县域的特色产品挖掘出来，卖出去，但因缺少实地的培育，结果并不理想。2014 年，阿里上市后，将农村电商、跨境贸易和大数据 3 个领域作为今后投资的重点。"为什么这个时候做村淘？因为时机成熟了，上市后我们有了足够的资金。农村电商看起来是蓝海，但这个蓝海和别的不一样，短期内不应该去思考回报，因为农村有太多的基础设施需要去完善。"所以，阿里计划未来 3 年，投入 100 亿元，建立 1000 个县级服务中心和 10 万个村级服务站，而这些投入只是第一步。

构建三张网

在孙利军看来，农村淘宝能否落地，在于构建三张网——天网、地网、人网。天网，就是要让政府一起来做。"今天的电子商务离不开政府，只有政府跟我们想在一起，明白农村电商需要努力的是什么，才能在关键点上发力。"孙利军说，这个过程中，他们得到很多支持，从各省一把手到县、村的干部。"地方政府对电商发展的热情，也感染着我们把这项事业推动下去。"

地网，就是基础建设，一个县一个村地把服务站建起来，打通村和县间的物流。网购的优点就在于物美价廉且便捷，一个包裹等一个月，再付上好几十元的邮费，农村电商怎么都行不通。服务站、仓储建起来，再通过与本地快递公司合作，就可大大缩短物流时间。孙利军说，目前落地的几十个县中，平均每个村已达到十四五单。成交量多了，物流成本就能大幅度降下来，当农村物流和城市物流成本几乎相同的时候，机会就来了。

这三张网中，最重要的还是人网。起初，村淘选的"掌柜"就是个代购员。他们一般在村里经营着自己的小商铺，懂点互联网，顺便帮着村里人买买东西，按成交额从村淘领代购费。但实际做下来效果并不好，这些人不可能全身心投入其中，也不愿参加培训学习。2015 年 4 月，村淘 2.0 模式启动，寻找农村合伙人，让在大城市打拼的大学生、年轻人回乡创业，成为新模式。

孙利军说，农村的一大特点是，只要有个好的带头人，很快就能带动当地的发展。浙江临安白牛村能成为全国最大的炒货基地，不是因为他们的原料生产得多，而是当年有个大学生回到老家，从帮助村里人卖滞销的核桃到后来有 600 多人参与电商，当年的一个种子带动、影响了一大批人。"所以，我们把平台搭好、服务站建好，只要找到合适的农村合伙人回乡创业。这些合伙人最好是懂互联网，经过大城市洗礼，对农村有情怀的年轻人、大学生。"

没想到，农村合伙人在招募过程中非常火爆。"目前每个县域平均报名人数能达到 900 多人，而且大多数都是大学生。上个月我去北方一个城市，报名人数甚至有 1500 多人。当地政府也很支持，在北上广深等城市打出广告'寻找农村合伙人，回乡创业'……这些人的回归，才是将来农村电商的机会。"而一些早期加入村淘的农村合伙人，已经在当地干出成绩。"我们云南的一个合伙人月收入都接近两万元了，他还组建了自己的队伍，这样的案例在其他县、村有不少。"

"老兵"的农村情结

"做农村淘宝，一要有情怀，二要能坚持。"孙利军之所以看重这两点，跟他的个人经历不无关系。

孙利军出生在浙江农村。小时候，父母为生计的辛劳让他体会很深。父母对他的期望是好好读书，走出农村。他也如愿考上了浙江大学。毕业时，孙利军本可以进国企，但听了马云的一次演讲，便下决心要进阿里。可当时阿里不招应届毕业生，他索性跑到总部门口堵住销售总监，说服、感动了对方，才如愿进了公司。这一干，就是 14 年。他也从一个普通的销售员成了阿里的高管，负责过很多不同的业务部门。

孙利军把自己比作阿里的老兵，而这些经验是靠当年做销售积累起来的。2002 年，他在浙江金华地区做销售时，人们对互联网的认识很有限，阿里也没有现在的知名度。他就跑到工业园区，挨个找企业谈，为什么要在阿里的平台上建网站，一个虚拟的"摊位"怎么就值 6 万块，等等。这个过程中，企业有不理解的，有轰他走的，甚至还有放狗咬的……但就是这样，他愣是在第一年业绩就做到了全国第六，后来工业园区里企业的一把手几乎没有不认识他的。

因为长在农村，孙利军对农村总有一种情结。他说，以前父母都希望我们走出农村，最后有知识有文化的人都走了，农村与城市差距越来越大。所以，要想用互联网思维改变农村，实现互联网＋农村，就要让有情怀、愿意为家乡做事的年轻人回到农村，这才能从根上解决问题。

做村淘前，孙利军曾去新西兰、台湾等地的农村考察，那里的农民生活很富足。而山东寿光市也是如此，那里已形成中国最大的绿色蔬菜基地，村村都是大棚，一个大棚每年收入就有十多万元。他认为职业农民就是用科学的方式种植和售卖，懂得包装、营销，会挖掘产品价值。孙利军说："我希望未来 5 年，更多年轻人因为在农村工作而感到骄傲。因为他们帮助了身边的农民，这是份有意义的工作。"

（撰文：刘雅婷）

各方评说亚洲命运共同体

博鳌亚洲论坛 2015 年年会在海南省博鳌召开，年会主题为"亚洲新未来：迈向命运共同体"。短短 4 天，一共有 77 场分论坛讨论，出席的有十几位外国首脑、80 多位各国部长级官员、65 家财富 500 强公司总裁等，规模是自 2002 年成立以来最大的一次。议题涉及宏观经济、区域合作、产业转型、技术创新、政治安全、社会民生六大领域。

论坛秘书长周文重对《环球人物》记者解读"亚洲命运共同体"这个新主题时表示："亚洲 48 个国家，人口约 42 亿，过去有共同或相似的经历，现在面临共同的发展任务，从这个角度讲，他们有共同的命运。亚洲有很多共同利益，但历史上形成的隔阂、分歧还存在，怎么能聚焦公共利益，妥善处理分歧，达到共同发展的目标，需要探讨。我们的初衷是提供一个平台，让大家展望亚洲的新未来。目标是走向命运共同体，这是大家共同的愿望。"

本次博鳌年会的诸多热议话题中，"新常态""一带一路""亚洲基础设施投资银行"等是重中之重。有关这些话题的分论坛从一小时到一个半小时不等，场场满座。在各个论坛间隙，《环球人物》记者抓住各种机会采访了与会的国内外财经、政要"大佬"们，听听他们对这些热议话题的看法。

中、美、澳、印部长官员看亚投行

至 3 月 31 日亚投行意向创始成员国申请截止日，亚投行意向创始成员国及申请国已达 47 个，包括中国、印度、新加坡、泰国、越南、英国、德国、法国、俄罗斯、巴西、挪威等。只有美国，还在"闹别扭"。周文重曾在 2005—2010 年担任驻美大使，他告诉记者："美国官方仍有怀疑，但一些有识之士已经指出，美国这种态度是不明智的，希望美国政府好好考虑一下。"

在为全球海难事故给予人道主义关怀的"泰坦尼克"基金成立仪式上，《环球人物》记者"逮住"了美国前商务部长卡洛斯·古铁雷斯，问他有关美国对亚投行态度的看法，古铁雷斯答称："我的看法是，亚投行是一个大胆的高瞻远瞩的想法。美国目前还没有考虑加入这个机构，但是中美两国政府也在讨论，美国财政部长访华，会就这个问题进行讨论。世界范围内，像亚投行这样的机构还是有发展空间的。"

29 日下午，《环球人物》记者采访到澳大利亚前外长鲍勃·卡尔，问起澳大利亚迫于美国方面的压力，还未正式确定加入亚投行时，卡尔说："我认为，澳大利亚终将是会加入的，尽管目前澳大利亚政府和美国关系很近，但加入亚投行是大势所趋，是正确的方向。"果然，在当天晚上，澳大利亚总理阿博特、外交部长毕晓普及财长霍基发表联合声明，正式表态澳大利亚将作为意向创始成员国申请加入亚投行。

卡尔认为，亚投行是中国施展软实力外交的体现。但是卡尔也给出亚投行在投资基础设施建设时最应注意的两大问题，一是当地的劳动法，二是环境保护。卡尔表示："美国方面的反对声主要也是担心亚投行在实施过程中，可能达不到环保标准。亚洲国家和欧美发达国家比起来，环保要求较低，所以亚投行要参照其他国际组织，比如国际货币基金组织和世界银行的环保标准来要求自己，决不能以牺牲环保为代价，发展基础设施建设。"

印度是亚投行的积极响应者，日前有新闻透露，印度将是亚投行的第二大股东。《环球人物》记者就此向印度工商联合会秘书长迪达尔·辛格求证时，他笑说："我希望是这样，成立亚投行是正确的方向，尽管有国家持怀疑态度，但印度的态度以及在亚投行中充当的角色是积极的，中印两国作为亚洲的两大经济体，在很多方面都有合作机会。"

最犀利经济学家谈新常态

29日一早，《环球人物》记者刚通过安检，进入博鳌亚洲论坛酒店的大厅，就瞄到了智能显示屏上高盛资产管理业务前主席、首席经济学家吉姆·奥尼尔的大图，以及他犀利的言论："美国不加入亚投行是愚蠢的。"记者来到他作为讨论嘉宾的"中国经济新常态"论坛，论坛后半场由奥尼尔主持，台上四位嘉宾分别是北京大学国家发展研究院教授林毅夫、春华资本集团主席胡祖六、国民经济研究所所长樊纲和全国工商联原副主席保育钧。临近结束时，奥尼尔抛给嘉宾最后一个问题："预测未来10年，中国的 GDP 增速？"林毅夫本想用"决定因素太多"这样的话应对，但奥尼尔步步紧逼，林毅夫"被迫"给出了 7% 的预测，胡祖六和樊纲分别给出了 6.8% 和 6.9% 的答案，而保育钧答称："如果做出足够的努力，会在 7% 左右，但是一定不能让它低于 5%，这是一个警戒线，一旦低于这个增速，就会出现很多问题。"

论坛一结束，台下观众便涌上来找奥尼尔合影，《环球人物》记者好不容易"抢"到了提问机会。对于记者新常态下中国经济的转型问题，奥尼尔坦言，农民工问题是他最担忧的："中国的农民工应该享有和城市人同等的权利，如果他们的权益保障不到位，那么中国消费内需的增长问题也解决不了，中国的人口红利也会随之消失。"

谈到美国对亚投行的态度，奥尼尔对美国政府一点不留情面："美国国会现在尚未批准（加入亚投行），这让他们看起来非常落后和闭塞。美国担心中国在亚洲占主导地位，这是他们不加入的最主要原因。"

波士顿咨询全球主席博克纳接受本刊记者专访。

波士顿咨询全球主席谈深化改革

波士顿咨询全球主席汉斯·保罗·博克纳也是财经热议话题论坛中出镜率最高的嘉宾和主持人，在"对话自贸区：'小试验田'的大未来"论坛结束后，他接受了《环球人物》记者的专访。博克纳认为，经济新常态是中国政府在经济转型上的努力，从出口投资依赖型转向更多的内需消费，从传统制造业到新型服务业，并且鼓励更多私人创业，这是一个大的转变，不只是 GDP 增速的调整。

博克纳认为，中国现在实施的经济战略规划，包括"一带一路"、自贸区、亚投行等，都是进一步深化改革、对外开放的大举措。中国不仅和邻国开展了更多的合作，而且在逐步扩大合作的对象国家。这些都表明中国已经成为世界经济中必不可少的重要成员，不仅为中国的企业创造了很多机会，也为很多外国公司创造了机会。

"二战后成立的许多国际金融机构，如世界银行、IMF、亚洲发展银行，实际上还是由西方发达国家主导，但是考虑到世界经济格局的变化，经济发展越来越多地从北向南转移，从西向东转移，这些新兴经济体是时候扮演更重要的角色了。"

记者手记

潘石屹谈雾霾：

除了经济问题外，环保也是论坛热议的话题。在 27 日上午召开的"雾霾与健康"分论坛，《环球人物》记者发现了坐在后排嘉宾席的潘石屹。论坛一结束，潘石屹便被蜂拥而来的记者包围得水泄不通，他表示："导致雾霾最重要的原因就是能源消耗过大。所以经济发展中，如何降低能源消耗，至关重要。"一位记者让他评价房地产市场时，潘石屹调侃道："我姓潘，不姓任。"

西瓜地的变迁：

博鳌论坛让博鳌这个小渔村华丽变身。《环球人物》记者在入住的华美达酒店大厅里写稿子时，一位中年人走来，与记者聊起了对博鳌的印象。他向记者感慨道，10 年前，这个占地 1600 亩的四星级酒店式公寓还是茫茫的西瓜地。后来交换名片得知，此人是参与投资该酒店的开发商高管。他对记者说，博鳌论坛期间，各个酒店都是最大负荷运转，他还把自己原先的总统套房让给了俄罗斯的一位官员。

志愿者精神：

从海口机场到博鳌的注册中心和酒店，志愿者无处不在。26 日记者抵达酒店，已是夜里 11 点半了，给我们帮助的酒店行李生小郭才 19 岁，海南本地人，来自琼海的一个职业学校，小郭说海南省的各大高职院校都选拔出了志愿者。行李生要通过身高、体重等硬性考核指标。羊年春节一过完，他们就开始了各种集训、踩点和模拟演练，经过 1 个月的训练，才有了现在的专业服务。

（撰文：宋元元）

智能化时代，你必须有所行动

人物简介：孔翰宁，1947 年生于德国，德国布伦瑞克工业大学理论物理学博士毕业，曾任软件巨头 SAP 公司 CEO，现任德国国家科学和工程院院长、德国"智能服务世界"工作组联合主席，被称为工业 4.0 教父。

似乎是一夜之间，"工业 4.0"概念红遍了大江南北。这个来自传统工业强国德国的舶来词，成了中国人热议的话题。然而，真正了解工业 4.0 前世今生的人，恐怕还不多。日前，《环球人物》记者专访了被称为"工业 4.0 教父"的孔翰宁教授。孔翰宁表示，工业 4.0 是德国工业的发展方向，代表着"数字化世界"的到来。它的具体形状，需要全社会各行业去塑造。

两个重要头衔

孔翰宁现任德国国家科学和工程院院长、德国"智能服务世界"工作组联合主席。物理学家出身的孔翰宁，在过去 20 多年，一手打造了如今德国 IT 产业的全景。他有两个重要头衔，一个是全球最大的企业管理和协同化商务解决方案供应商思爱普（SAP）股份公司前任首席执行官，另一个就是工业 4.0 的推动者。

孔翰宁 1982 年进入当时共有 80 名员工的 SAP 公司，1998 年成为联合 CEO，2003 年成为独立掌门人，2009 年离开。在前后 11 年的"执掌期"里，他将公司发展成为全球员工超过 5 万名的 IT 巨头，进入世界顶级序列，并开启以服务为导向、研发软件与解决方案的时代。

自 2009 年起，孔翰宁担任德国国家科学和工程院院长，在全球数字化和网络化的背景下，将德国一步步推向世界智能化强国。作为跨学科领域的领军人物，孔翰宁赢得了德国总理默克尔的信任，成为其工业技术领域的首席顾问、IT 行业的第一智囊，被誉为"德国工业创新驱动力之一"。

2010 年，默克尔任命孔翰宁领导"国家电力移动平台"。正是在这一平台上，工业 4.0 概念被首次提出。

德国学术界和产业界认为，工业 4.0 概念即是以智能制造为主导的第四次工业革命。该战略旨在通过充分利用信息通信技术和网络系统等相结合的手段，将制造业向智能化转型。

工业 4.0 是德国政府《高技术战略 2020》确定的十大未来项目之一，并已上升为国家战略，旨在支持工业领域新一代革命性技术的研发与创新。它正在逐步成为世界瞩目的焦点。

"你必须有所行动"

孔翰宁告诉记者，工业 4.0 是一个概念，它向德国所有的企业发出一个信号："新的工业时代已经来临，你必须有所行动。"而这个行动，就是将传统生产模式与互联网联结起来，即"互联网＋工业"。"它涉及两个方面：一方面，我们承认'互联网＋'的无限潜力，即互联网与生活中很多事物发生关联的可能。另一方面则是物联网系统的开发，它意味着实体与虚拟的融合。"孔翰宁说。

孔翰宁认为，工业 4.0 不是单纯的 IT 行业概念，也不是单纯要求企业设立 IT 部门，而是要获取完整的数据，将其存入云端或其他介质，并进行智能化分析处理，将来还要从"人机对话"强化至"机机对话"。未来，全球范围内，生产运输链上的任何一个节点，都可追溯、可恢复、可追责。"当我们以数据来掌握生产环节的全貌时，就可以找到最佳优化方案，节约资源。"

"工业 4.0 描绘着这样一个场景：你将可以随时获取数据结果，形象模拟工厂中每个产品、机器，甚至是每个员工的实时情况。当你通过网络改变生产工作的变量，实际生产过程也随之发生调整。这是工业 4.0 完成时的理想效果。"

这一概念与中国正在加紧部署的"中国制造 2025"不谋而合。2014年 10 月李克强总理访问德国期间，中德双方发表了《中德合作行动纲要：共塑创新》，宣布两国将开展工业 4.0 合作，该领域的合作有望成为中德未来产业合作的新方向。而借鉴德国工业 4.0 计划，是"中国制造 2025"的既定方略。

难点在于中小企业转型

《环球人物》：推动工业 4.0 难在哪？

孔翰宁：最大的挑战莫过于调动中小型企业转型的积极性，这甚至比信息安全问题更为严峻。德国工业、德国经济的坚挺，离不开这些数量庞大且成功的中小型企业。

国际化的大型企业，已经在寻找自身发展的可行方式，但对规模较小、资金有限的中小企业而言，寻找路上仍存在不少阻力。产业升级必然牵扯到生产线设备的更换、升级期间产品周期的延长，而可以预计的盈利却没有那么快能够实现。因此必须自上而下，运用各种方法来动员这些企业。譬如告诉他们，升级将带来长期稳定的发展，也能够让他们在工业改革的大势前，免受冲击。

《环球人物》：这些中小企业需要来自政府的哪些帮助？比如资金？

孔翰宁：对于融资，我们没有过多的考虑。中小企业可能需要一些来自政府的资金支持，但我并不认为钱能必然带来产业升级。科研才是产业升级的关键，这是中小企业需要政府资金的原因所在。但是 95% 的升级投资应该来自公司自身。越多的融资会导致越少的自主权，反而可能影响公司转型的步伐。

我认为中小企业更需要的是行业互助，来自大企业的引导和支持。对此，我们正在促进大型企业搭建面向中小企业的平台，大型企业放出产业升级的各种需求，即订单，由中小企业来竞争。

《环球人物》：国外企业可以来德国搭建此类平台吗？

孔翰宁：为什么不呢？只要他们能在德国创造工作岗位。

《环球人物》：工业 4.0 意味着智能化和自动化，这会不会增加就业的难度？

孔翰宁：确实会对就业造成影响，导致就业人数减少。我们已经与工会进行沟通，工会必须接受这个现实。但是另一方面，智能工厂并不是完全不需要人工，只是具体工作会与现在不同。他们的工作会更专注于生产计划、数据分析。而且因为高度弹性化生产，有时候在机器人或者其他设备无法进行操作时，还是需要更多的人。因此，工人会有轮班制。

对于就业而言，工业 4.0 确实会带来很多挑战，但是也会创造更好的工作机会。我们希望通过工业 4.0 的推广，能够实现弹性工作制，让员工能够按照自己的时间工作，使得工作和生活得到最合理的平衡。虽然目前这还只是一个愿景，但也是我们的承诺。

（撰文：冯雪珺）

大牛市，是利还是坑

人物简介：徐一钉，民族证券首席策略分析师，民族证券
研发中心副总经理。

李大霄，英大证券首席经济学家，英大证券研究所所长。

股民期盼的大牛市终于来了。从 2 月 9 日至今，上证指数上涨超过
1000 点。这也带动了港股和 B 股的大幅上涨。4 月 8 日和 9 日，恒生指数
分别上涨 3.8％和 2.7％；4 月 10 日，B 股集体涨停。时隔 7 年后，A 股终
于再次回到了 4000 点以上。截至 4 月 20 日收盘，上证指数振幅接近 4%，
下跌后仍停留在 4000 点以上。异常火爆的牛市行情，迅速点燃新股民的
入市热情。统计数据显示，进入羊年以来，已有近 600 万新股民加入了炒
股大军。但中国股市还流传着另一句话：大涨之后必有大跌。股民们应该
如何看待这一轮牛市？如何投资才是理性策略？《环球人物》记者分别采
访了两位资深分析师——"看跌派"的代表李大霄和"看涨派"的代表徐
一钉，他们的观点构成了一组见仁见智的 PK。

为何大涨

《环球人物》：股市近期连迎重磅利好，先是沪港通开闸，继而央行降息，然后是存款保险制度破题，这些因素是导致股市大涨的原因吗？

李大霄：的确，这次的上涨基本上是靠货币宽松政策、沪港通开闸、新股民大量入市等因素促成的。在这样一个环境下展开的牛市，还没有获得经济增长的支持。

徐一钉：是跟最近一连串政策有关，但还不止这些。从更深的层面看，当前中国正处于由大国向强国崛起的关键时期，而股市将成为强国之路的一个战略支点。在这个大背景下，A股有望迎来新一轮历史性机遇。

《环球人物》：大家都说股市是经济的晴雨表，现在经济基本面正在发生变化，中国经济面临越来越大的下行压力，为什么股市还能大涨？

李大霄：这就像主人遛小狗，经济是主人，股市是小狗。现在小狗跑在了前面，所以接下来可能要往回跑一下，等待经济增长跟上来，等待上市公司业绩改善，才能支撑股票市场继续往上走。我觉得总体上中国经济还是能调整过来的，所以对市场也相对保持一定的乐观，但我们仍然要高度警惕股市泡沫的爆裂。

徐一钉：经济增速下行并不意味着股票市场不会走好。目前，巨额房地产投资资金逐步退出，寻找其他投资标的，而股市显然是最可能的选择。与此同时，A股将迎来更多机构资金。据测算，我国包括基本养老金结存、公积金余留、社会保障基金、公共维修基金、企业年金、保险资金在内的可入市长期资金达 10.6 万亿元。而随着人民币国际化进程加快，国内股票市场将更国际化，更多海外资金将进入。从中长期趋势看，各方面因素都在推动社会投资资金向股票市场集中，A股已具备走牛的资金条件。

不过，虽然我对股市持乐观态度，但目前 A 股市场也似乎有些过热了。无论是从涨幅还是上涨时间看，市场都需要休息。纵观历史上任何一波牛市，从长期来看股市的上涨确实需要基本面的配合，市场需要经济指标的走暖来"配合"股市的上涨。我估计 A 股可能会在 4 月份逐步进入为期 2～3 个月的休整期，等待经济数据的回暖。

泡沫有多大

《环球人物》：这一轮牛市能涨到多少点？

李大霄：4 月 14 日，上证指数冲到了 4168.35 点，形成了一个中期顶部。接下来是市场调整期，调整过后，指数还在往上走。因为这次蓝筹股的基础还是比较扎实的，与 2007 年股市冲到 6124 点时不太一样。

现在要防止的就是大面积股票被高估的风险，但是，我对占市场主体的蓝筹股这部分还是保持信心的，蓝筹股还没有产生巨大的泡沫，而且这部分是市场的中心和灵魂。所以我相信，经过调整之后股市还能继续上涨，从长期来看，股票指数永远是往上涨的。

徐一钉：我只看趋势。涨到多少点没有意义，因为涨幅跟市场预期和入市资金有关，进得多涨得多，就像吃饭一样，遇到好吃的可以吃半斤，所以预测点数没有意义。散户加速入场、机构逐步撤离。从历史经验看，个人投资者疯狂入市的同时就是市场调整的开始。

《环球人物》：目前股市的泡沫有多大？

李大霄：目前创业板的泡沫可以跟纳斯达克 2000 年时的泡沫相比，也超过了 6124 点时的总体水平。我认为到 4168 点这个地方泡沫就大面积出现了，有几个标志：

第一，有 44.63% 以上的公司市盈率（股票市价与其每股收益的比值）超过了 100 倍，而 6124 点时超过 100 倍的股票只有 42%；有 50% 以上的股票市盈率超过了 83 倍；70% 以上的股票市盈率超过 71 倍……这在全球股市历史上都是非常罕见的。可以说，现在的股市泡沫已经超过了 2007 年的水平，也超过了全球任何一次股市泡沫的顶峰。

第二，与 6124 点时相比，4168 点有很多变化：现在有 1.4 万亿的杠杆，那时是没有杠杆的；现在有 1.2 亿户股民，那时没有这么多；现在有 50 万亿的市值、1.55 万亿的成交额，在全球都是数一数二的，那时没有这么高；现在股票换手率（一定时间内股票转手买卖的频率）很高，两周就能把有效的流通市值换手一遍……从种种指标看，现在的风险是非常大的。

《环球人物》：市盈率超过 100 倍意味着什么？

李大霄：最简单的解释是：按静态来看，你买的股票要 100 年后才能够回本。但这个公司能不能存活一百年？或者公司的高增长能否真正实现？很多人买市盈率超过 100 倍的股票，并不是他们有耐心等待 100 年，而是他们都想着怎么把这些股票卖给比自己更"傻"、更冲动的人。创业板都是初创期的企业，管理团队、业务模式、产品、经营等方面都未必稳定，或许其中会诞生一个微软、阿里、腾讯，但更可能的是先有一百万个企业倒下，因为经济规律就是这样的。

《环球人物》：这一轮牛市能持续多久，泡沫会破吗？

李大霄：4 月 16 日，中证 500 的股指期货合约上市交易，这是一根巨大的、刺破泡沫的针；现在内地创业板与香港创业板的差距很大，而深港通将要推出，这是刺破泡沫的第二根针；再有，2014 年一年创业板的股票发行数量是 5 家，上个月扩大到 17 家，而近期又有 30 家新股发行，这对那些制造、鼓吹、享受泡沫的人会产生非常大的压力，这是第三根针。

徐一钉：30 家新股发行期间指数震荡调整的概率较大。但我认为 A 股市场的牛市还远未结束。一方面，资金利率下行趋势短期很难改变，央行从4月20日起降准，继续降息的概率也很大，市场流动性将长期保持宽松，为A股提供流动性支持。另一方面，管理层通过股票市场解决企业尤其中小企业融资成本的意愿十分明显，无论是从新股发行的数量、还是从2015年将推出的注册制来看，A股市场正肩负着经济转型的重任。最后，随着"一带一路"文件的颁布，以高铁、核电、特高压、4G等为代表的重大基础设施建设加速推进，对经济的推动力量是巨大的，中国经济增速仍将保持高质量的中高速增长。

股民要远离"黑五类"

《环球人物》：新股民大量入市，他们应该注意什么，抱着怎样的心态去投资？

李大霄：首先需要有专业的知识；其次需要有很高的安全界限；第三，要准备好长期闲置的资金；第四，投资要分散，如果希望一只股票赚大钱，可能要投资一千只，其中可能会出一个阿里；第五，总投资比例要严格控制在1%以下，即投资只占全部资产的1%，不能把银行贷款押进去，不能把房子卖掉炒股，不能把养老金押进去，也不要辞职炒股，起码要有一份工作，就算股市亏了以后还有工资。切记，低风险承受能力者远离创业板。

《环球人物》：如果进去就被套住怎么办？

李大霄：做医生起码要经过10年的学习才能看病，可能还要经过10年的锻炼才能业务成熟，股民也是。如果你没有经过学习、训练就去炒股，就更要谨慎一些。对小股民来说，在"钻石底"（即股市最低点，新一波牛市的起点）买好股票不动摇就可以了，另外不要在"地球顶"买股票。所谓"地球顶"，就是那些市盈率超过100倍的"黑五类"股票，包括"小盘股""次新股""伪成长股""垃圾股"和"题材股"。新股民不要去挑战股市历史上没有过的高度，更不要挑战全世界股市的历史规律。

徐一钉：新股民在各方面都需要积累经验，老股民也都是历经磨难才能留在市场里，还有很多已经被淘汰。所以新股民遇到挫折是正常的。但从我们了解的情况看，目前新股民的盈利状况比老股民更好。当然，他们早晚会受到巨大的挫折，现在还处于"无知者无畏"的阶段，这也是通向成熟的一个必然环节。巴菲特、索罗斯都经历过挫折，这就像一个小孩，不摔跟头不可能长大。

《环球人物》：市场调整后，哪些股票会成为投资重点和亮点？

李大霄：我对股票的推荐顺序是港股、B股、A股中的优质蓝筹股，对行业的推荐顺序是金融、地产、基建。目前是"拔掉野草、留住鲜花"的阶段，野草就是那些市盈率超过 100 倍的股票，鲜花就是那些被低估的、优质的好股票。

徐一钉：2014 年六七月，我坚定地看好蓝筹股，但目前这个阶段很难预测和推荐，因为从短期看，市场随时面临着调整。但从长期看，央企改革大幕即将拉开，值得中线关注。市场对国企改革释放的制度红利认可度之高不容小觑，国企改革主题有望成为2015年最具爆发力的投资题材之一。对此，我认为可以从三个方面挖掘：首先，第一批已被作为试点的 6 家中央企业；其次，具备合并和整合预期的垄断性央企，比如金融、石油石化、电信、铁路和港口等，其向民企放开已经是大势所趋；第三，大型国企集团下的小上市公司。

（撰文：尹洁）

马丁·里维斯："半数企业的战略是错的"

人物简介：马丁·里维斯，生于英国，剑桥大学自然科学硕士、克兰菲尔德大学 MBA，企业战略专家。1989 年加入美国波士顿咨询公司，现任公司纽约办事处资深合伙人兼董事总经理。

"我们不评价企业，因为我们是为它们服务的。"在写给《环球人物》记者的邮件里，波士顿咨询公司董事马丁·里维斯这样写道。但当他坐在记者对面，听到中国目前最具竞争力的企业名字时，还是忍不住侃侃而谈，"阿里巴巴" 4 个字说得尤其标准。

里维斯的北京之行带来了自己的新书《战略的本质》。这是他带领波士顿咨询公司（BCG）的智库团队研究了 5 年的成果。作为全球著名的企业管理咨询机构，BCG 在战略管理领域被公认为先驱，曾创立了"波士顿矩阵""经验曲线"等影响世界的商业理论。在这家公司 53 年的历史中，里维斯参与了其中的 27 年，不仅成长为纽约办事处资深合伙人兼董事总

123

经理，更成为企业战略领域的专家。说到对"战略"一词的理解，他化繁为简地概括为 4 个字：如何取胜。这正是中国企业最想获知的秘诀。

5 种模式各有目标

5 年前，BCG 发起了一项研究：对全球 150 家代表性企业进行调查，了解其战略制定与执行情况；研究者分析了 60 年来不同行业的发展状况，了解商业环境在此期间发生了怎样的变化；团队还与部分 CEO 见面，围绕战略制定与执行的经验和教训，共进行了 20 多次深入访谈。

结果令人吃惊。不少国际级的企业领袖告诉里维斯，他们不是没有战略，而是难以根据外部环境变化选择正确的战略。比如，一种战略在实体行业有效，到了互联网领域就行不通了，或者对成熟企业有效，对初创公司就是灾难。尤其是规模庞大的综合型、集团型企业，只采取一种战略肯定不行。一名高管甚至告诉里维斯，"战略"这个词已经在他们公司被禁用了。管理者普遍面临一个难题：商业环境越来越复杂多变、难以把握，如何才能确定最有效的战略？

经过研究，BCG 提出了一套解决方案——"战略调色板"，针对不同的商业环境，企业有相应的战略选择。里维斯对《环球人物》记者详细解释了这套理论归纳的 5 种基本模式：对于那些能够预测环境发展变化，但无法改变这种趋势的企业，目标是做大；无法预测也无法改变环境的企业，目标是求快；既能预测也能改变的，目标是抢先；不能预测但能改变的，目标是协调；只求生存下去的企业，战略行得通即可。

正如投资需要组合一样，企业战略也需要组合，并根据环境变化不断调整。"我们的研究表明，能将战略与商业环境相匹配的企业，其股东总回报率比其他企业高出 4% ～ 8%。不过有大约半数企业在一定程度上选择了不适合其所处环境的战略。"里维斯说。

在 5 种基本模式中，大多数企业领导人对第一种最熟悉，里维斯将其称为"经典型战略"。它适用于那些发展相对完善的行业——规模效益较高，领头公司变化不大，商业模式与核心技术单一，品牌强大，增长平稳。

最具代表性的领域就是家用消费品，宝洁、联合利华等巨头已经连续几十年占据领导地位，竞争相对稳定，产品回报率与 30 年前相比变化不大。在这样的环境下，企业可以比较准确地预测市场变化和发展前景，从而决定产品定位。

里维斯认为，"经典型战略"的成功关键是在市场中确定一个具有吸引力的定位。"企业应当避免对熟悉但没有吸引力的市场紧抓不放，或是对陌生但具有吸引力的市场置之不理。"在这方面，他认为华为是一个正面的例子。

"在市场相对稳定的通信领域，华为最初是在中国农村谋求市场主导地位，避免与大企业直接竞争。随着自身日益壮大，它逐渐打入更具竞争力的城市中心。直到足够强大后，才拓展到海外，开始时是在巴西、泰国等新兴市场，最后才进军英国、法国、加拿大等第一世界国家。在产品方面也是一样，华为最初是为国际大型电信公司提供服务，后来才进军消费品领域，为一些还没得到充分发展的市场提供手机。"里维斯认为，正是通过一系列谨慎的定位，华为的年收入保持了稳定增长，从而一步步做大。

"双创"领域必须抢占先机

20 世纪 90 年代以前，大部分行业采用的是"经典型战略"。但随着技术发展和全球化的冲击，不少传统市场的准入门槛降低、产品更新换代频率提高，市场规则也日新月异。在既难预测又难改变的环境中，"求快"是一个不错的选择。在服装领域，近年来兴起的"快时尚"风潮，就是这种战略的直接体现。

"现在的流行趋势越来越难以把握，消费口味的变化速度非常快。时装零售商很难预测今年哪种颜色会大行其道，而且预测错误的后果很严重——每年至少要把一半的库存半价抛售。所以一些品牌不再预测消费者喜好，而是根据当季流行做出更快反应。"里维斯说，这些公司将工厂转移到更靠近终端消费市场的地方，产品从设计到进零售店的时间只需要 3 周，比行业平均供货时间缩短了 5 个月。

此外，"快时尚"品牌一开始只小批量生产多种风格的衣服，那些被迅速抢购的款式会被挑选出来批量生产。这些"试验品"能不断吸引消费者的兴趣，一旦某种款式开始流行，商家会充分挖掘其市场价值，直到流行趋势达到顶峰。此类公司的存货周转率相当高，比如西班牙品牌飒拉（ZARA），2010 年其减价商品只占库存的 15%～20%，远低于行业平均水平 50%，但利润率却是行业平均水平的 2 倍。

与既难预测又难改变的市场相反，当下最火的"双创"领域属于既可预测又可改变的市场。现实已经多次证明，一家高科技公司就可以颠覆或创造某个行业。在这种情况下，该企业必须抢占先机。里维斯认为，采取"抢先战略"的企业"第一就是关注市场上未被满足的需求，或者用户有哪些不满意的地方"，然后用新技术加以满足，而且最好成为行业内第一家为实现某个愿景而建立的公司。

2006 年，安妮·沃西基与他人一起创立了基因检测公司"23 与我"。里维斯认为这是"抢先战略"的一个经典范例。沃西基将当时最先进的生物技术、信息技术与电子商务相结合，通过客户唾液分析其个人基因。由于是行业先行者，产品最初上市时，每次检测费用高达 999 美元，消费者仍趋之若鹜。当竞争对手出现时，该公司则迅速把价格降到 99 美元，也因此持续巩固了自己的领导地位。

"没有包治百病的企业战略"

对于一些企业来说，市场环境虽然难以预测，但企业自身却拥有掌控和改变的力量，里维斯将其称为"塑造型"，适用的战略是协调。

"阿里巴巴就是一家很典型的塑造型企业。它的发展战略就是协调模式，把几千家同一类型小企业整合到一起，形成一个生态系统。"里维斯说。要实现这种模式，需要几个重要的元素。"首先就是搭建一个平台，让各方实现合作；其次是建立一个利益架构，不仅对自己有吸引力，还要对生态系统里的所有人都有吸引力；第三就是让这个生态系统不断成长，不要一下子把空间全填满；最后就是这个平台必须足够大，最好是行业最大的。阿里巴巴所经营的业务天然就是垄断型的，所以它多年来不断扩大业务范围。对马云来说，在行业里做第二、第三是没有意义的。"

此外，里维斯认为阿里巴巴的协调模式还有一个特殊之处，就是"自动调节"，平台上的小公司可以自动找到在市场上的位置，其决策不需要阿里巴巴进行指导。"消费者喜欢买什么，供应商会自动进行反馈，最后达到供需平衡。阿里巴巴把整个组织都变成了自动寻找市场的机制。"

与"塑造型"相比，"重塑型"是指那些已经陷入危机、只求生存的企业。这正是目前中国产能过剩行业的写照。在巨大的市场压力下，它们的策略只能是用上所有可行的办法，尽可能实现涅槃重生。里维斯举了美国运通公司的例子。

2008 年国际金融危机爆发时，全球最大的信用卡发放企业、收费业务市值达 9500 亿美元的运通公司陷入了极大困境——信用卡拖欠率直线上升、消费力直线下降、集资市场干涸。公司 CEO 肯·切诺特迅速采取措施，大规模削减成本，重塑组织结构。他首先裁减了约 10% 的员工，并且暂时降低高层管理人员的薪水；随后降低营销支出以及专业服务费，但保留了客户服务预算；最后，为了寻找新的资金来源，公司开展了吸收存款业务，在短短几个月内筹集了超过 80 亿美元的资金。

正确的战略帮助运通度过了危机。到 2009 年底，运通股价已从当年 3 月份的每股 10 美元回升到每股 40 美元。到 2014 年底，公司股票比衰退时期的谷底飙升了 800%。

虽然在战略领域研究多年，但里维斯并不迷信"战略"这个词。"实际操作中，影响战略选择的因素很多，并没有一个公式可以算出来。更重要的是，企业很多时候不一定清楚自己的真实情况，对战略的判断未必和市场环境要求一致。因此并不存在一个普适的、包治百病的方案。"事实上，企业在不同的发展阶段应该有不同的战略组合，比如初创期要抢先，发展期要协调，稳定期则会转向求快或做大。

对中国企业来说，各种考验是随时随地的。有些企业已选择了适合自己的战略，但更多的还在摸索阶段，里维斯认为其中做得较成功的是阿里巴巴、华为和海尔。在中国企业国际化的征程中，他给出了如下建议："一定要灵活，大公司也要像小公司一样快速行动，并不断检验和反思。"

（撰文：尹洁）

80后"老千"挖下百亿大坑

人物简介：徐勤，1981年出生，户籍为上海虹口区，国太控股联席董事长，中晋资产管理有限公司实际控制人。2016年4月，因涉嫌非法吸收公众存款和非法集资诈骗在出境时被抓获。

2016年4月，徐勤因涉嫌非法吸收公众存款和非法集资诈骗在出境时被抓获。

上海浦东，从东方明珠塔往南步行两分钟左右，是原"中晋保理"所在的未来资产大厦；在黄浦江对岸，两处具有百年以上历史的老建筑是原"中晋1824博物馆"和原"中晋资产管理公司"所在地。不久前，这些名称还鲜为人知，而如今，"中晋"已经成了中国财经界最受关注的热词之一。

4月6日下午，上海市公安局发布消息：国太控股（集团）有限公司（简称国太控股）、中晋股权投资基金管理有限公司、中晋一期股权投资基金有限公司（简称中晋一期）等"中晋系"公司，涉嫌非法吸收公众存款和非法集资诈骗犯罪。国太控股联席董事长、中晋实际控制人徐勤在机场准备出境时被公安人员抓获。一个涉及百亿资金的骗局浮出水面。

炫富惹祸

"中晋是个什么鬼？"消息刚曝出时，不少人在网上这样留言。简单来说，中晋是一家百亿元级别的理财平台。资料显示，中晋资产管理有限公司成立于2013年2月，注册资本1亿元，对外投资企业63家，国太控股是其唯一的股东。表面上看，中晋是一家渗透到各行各业、关联企业数量庞大的金融集团，但它的实质是一个巨大的陷阱，而这场骗局之所以被拆穿，源于一个女子的炫富之举。

从2015年11月开始，一个名叫程明的中晋女职员开始在朋友圈"拉仇恨"：晒她送给老爸的120平方米房子；晒她自己的豪车玛莎拉蒂和法拉利；晒她在伦敦街头漫步、在泰国海滩太阳浴；晒她购买中晋理财的大量单据；晒中晋发的现金和金条，还不忘评论一句"都搬不动，太重了"。

赤裸裸的炫富引发了社会的关注和警方的介入。据中晋旗下公司的一位职员称，2016年3月底，浦东新区公安局的警员前来调查中晋子公司的相关情况，"中晋系"由此曝光。

程明在中晋的同事告诉《环球人物》记者，在朋友圈炫富其实是他们的"业务需要"，为的是让更多有发财梦的投资人加入中晋。根据警方调查，"中晋系"公司先后在上海及外省市投资注册了50余家子公司，并控制着100余家有限合伙企业，租赁高档商务楼、雇佣大量业务员，通过网上宣传、线下推广等方式，利用虚假业务、关联交易、虚增业绩等手段骗取投资人信任。

最典型的诈骗产品是中晋推出的一款股权基金——"中晋合伙人"，其承诺的年化收益率接近20%。为了买到这款产品，大量投资者连夜排队领号。截至2016年2月10日，"中晋合伙人"的投资总额超过340亿元，涉及人数超过13万，其中60岁以上投资人超过2万。

挖下如此"大坑"的中晋实际控制人徐勤，却出奇地"低调"。据《环球人物》记者掌握的资料，徐勤出生于1981年6月9日，户籍为上海虹口区虹江路113号（现已拆迁）。此外几乎找不到任何经过证实的个人信息。在工商局的企业注册资料里，"中晋系"几个关键公司的法人均不是徐勤本人，这为此案蒙上了一层神秘的面纱。

在"中晋系"员工眼里，这位"上峰"的确很神秘。除了公司高管，业务经理们几乎没有机会与他近距离交流，而与之交往密切的高管们目前大都已被警方控制。

但另一方面，徐勤在"做事"上又显得无比高调。首先体现在"中晋系"各种高大上的办公场所和会所。据业内人士估算，光是每年在上海的房租支出就不少于一个亿：国太控股总部在环球金融中心，中晋财务总部在金茂大厦，位于外滩的三菱洋行大楼是有百年历史的老建筑，2013年被徐勤租用，成了"中晋合伙人俱乐部"。为了"改造"老建筑，徐勤擅自把三菱洋行大楼黄色的石材外立面涂上了灰色真石漆，当时舆论一片哗然。虽然在文物部门的严厉要求下，大楼外立面被修复，但却变得斑斑驳驳，难以彻底恢复原貌。

有媒体爆料称，徐勤之所以敢如此"任性"，是因为他是"原黄浦区某领导之子"。但经记者多方调查，此消息目前并没有得到证实。

骗术秘籍

不管徐勤家庭背景如何，这个"幕后大佬"的诈骗手段都称得上"资深老千"。注册过公司的人都知道，企业名称中要带"国"字头、"中"字头，一般需要有国企背景。从"国太控股""中晋资管""中晋保理"这些名字可以看出，徐勤的确"非常人"，而这些企业名称也很容易让投资人产生信任感。

此外，"媒体造势＋名人背书"也是提升品牌形象不可缺少的利器。为此，徐勤让"中晋系"冠名赞助了上海知名相亲节目《相约星期六》，并签下"九球天后"潘晓婷作为其形象代言人。《相约星期六》的很大一部分受众是上海的大爷、大妈和中年女性，他们也通常被业内视为"有钱但不懂投资"的群体之一。通过电视宣传，"中晋系"在本地中老年阶层中获得了很高的认知度，导致大批老年人"踩雷"。

"超高回报＋金字塔式传销"是徐勤圈钱的又一秘籍，其实质就是"庞氏骗局"，即用新投资人的钱向老投资者支付利息和短期回报。他给这种拆东墙补西墙的模式披上了"合伙制股权基金"的外衣。据悉，中晋的"合伙人"种类繁多，包括一般合伙人、高级合伙人、明星合伙人、超级合伙人、战略合伙人、永久合伙人，层级结构分明。资料显示，国太控股集团的人事编制有 6733 人之多。

据员工透露，中晋的内部组织形式跟传销类似，员工业绩和级别以发展下线的人数和客户理财资金的保有量来决定，资金保有量越多，职位级别越高，达到四五级就可以升为组长。正式员工一般每月到手工资 7000元左右，每拉到 80 万元理财资金，月工资可增加 3500 元。在业绩考核上，中晋实行严格的淘汰制度，"如果业绩不达标，直接淘汰走人"。在奖励和压力的双重刺激下，中晋的大部分员工也购买了公司产品，并在微信朋友圈狂轰滥炸吸引投资，程明便是其中之一。

"中晋合伙人"的回报周期极短，只有 2～3 个月，承诺收益率浮动较大，在 8%～16%，但加上高额的返利，实际收益可达 20% 以上。而"中晋合伙人"力推的"永久合伙人"产品，承诺收益率高达 40%，限量限购，且规定不得赎回本金。在"高收益、短期限"的诱惑下，再加上家人或朋友的力荐，不知情者纷纷落入圈套，其中很大一部分是中晋员工的亲戚朋友。

还有关于中晋"控股香港上市公司"的宣传，让徐勤精心策划的"局"显得愈加光鲜。然而业内人士指出，国太控股旗下的三家香港上市公司——中国创新投资、华耐控股、中国趋势，均属"仙股"。所谓"仙股"，即低于每股 1 港元的香港股票。其波动往往非常之大，具有较大的市场风险。

总之，虽然徐勤为"中晋系"披上了各种华丽外衣，但其设计的产品周期如此之短、回报成本如此之高，资金链断裂是必然的结果。

"江湖凶险"

综观"中晋骗局"，其实就是打着资产管理名号的非法集资诈骗。这场骗局的幕后操控者徐勤等人将"庞氏骗局"的精髓演绎得"出神入化"，也为监管部门敲响了警钟。

在国内，资产管理又称代客理财，从事普通理财业务的资管公司并不需要金融机构许可证。目前全国经济较发达地区都有很多资管公司，在"无准入门槛、无行业标准、无直接监管机构"的状况下疯长。它们通常都有着响亮高端的公司名头、豪华气派的办公场所，还有一群西装革履的理财经理或顾问，一脸诚恳地向客户推销各类高收益的"理财产品""财富计划""P2P 理财方案"等，而且年化收益率基本都在 10% 以上，有的甚至高达 30%。他们声称，除了高收益外，这些产品还有担保、债权抵押和垫付本息等多重风险保障。听起来仿佛是"天上掉馅饼"的好事，这些"高收益、低风险"的"理财产品"完胜银行的存款利息和信托理财，对于"大爷大妈们"具有很强的诱惑力。殊不知，这些民间资管公司很大一部分都触及了非法集资的红线。

上海财经大学国际金融系主任奚君羊接受《环球人物》记者采访时表示，国内资管市场目前曝出的问题，是健全和完善金融服务体系必然经历的过程，"每个行业都会有一个发现问题、解决问题，进而逐步完善的过程"。一方面，对经过审批的民营金融机构可以适当松松绑，在相关法律法规上更宽容、更开放一些，把市场合理的需求释放出来；另一方面，对容易引发风险的公司要加大专业监管的频率和力度，对于踩监管红线的要坚决给予打击。对于个人投资者，奚君羊给出的建议是，对于自己不了解的投资理财产品要远离，"江湖凶险，一不小心便会血本无归"。

目前，"中晋系"位于上海的十几处高端办公场地及会所都已被清空，招牌被陆续清理，连日围堵的投资人也只能无奈散去。在拥有上千家金融机构的国际金融中心陆家嘴，《环球人物》记者看到西装革履的精英们来去匆匆，仅从外表无法判断"良"与"莠"，其中必定有人能给投资者带来财富，但也可能留下伤痕。不可否认，徐勤留在那些百年老建筑上的伤痕也必将成为历史。

（撰文：李鹭芸）

百度竞价排名的"罪与罚"

2016 年 5 月 9 日，进驻百度的国家相关部门联合调查组公布了对"魏则西事件"的调查结果。调查组认为，百度竞价排名机制影响了搜索结果的公正性和客观性，并提出 3 条整改要求，其中一条是"改变竞价排名机制，不能仅以给钱多少作为排位标准"。

一个月前，年仅 22 岁的青年魏则西因患恶性肿瘤去世。之后几周中，他的死亡逐渐演变为一场震动全国的事件，并把中国互联网三巨头之一的百度推上了舆论的风口浪尖。所有矛头都指向了一个事实：魏则西是在百度推荐的武警二院接受了无效治疗。这家医院宣称的"美国先进技术"已被国外临床淘汰，它之所以能进入百度搜索的前列，是付费的结果。

竞价排名，这项被公众诟病已久的百度"原罪"再次引发了商业利益与道德之间的激烈冲突。作为在国内一家独大的搜索引擎公司，百度的营利模式引发了铺天盖地的口诛笔伐。人们质问，为何多年来百度一直不肯

135

抛弃这种模式？然而讽刺的是，对于"竞价排名"这个词，绝大多数人仍然要通过百度去搜索答案。

"竞价"背后的商业逻辑

根据百度自己的解释，"竞价排名"又称"百度推广"，是一种按效果付费的网络推广方式。百度技术员工李雄（化名）告诉《环球人物》记者："百度推广是我们一直都有的服务，推广内容包括公司名称、产品名称及相关关键词。比如A公司找到百度想做宣传，百度会先让其存一笔钱，叫做预存推广费，然后A公司设置一些关键词。如果有人搜索了这个关键词并点进了A公司的网站，百度就从预存推广费中划走一部分。"

至于这"一部分"的具体数额，则是在"起步价"的基础上由A公司自己决定。"你可以定一次8毛，也可以定一次1块。每个关键词的起价不一样，但最低5毛，上不封顶。所谓竞价排名，就是建立在这个机制上面，如果人家出1块，你只出8毛，当然人家的信息就排你前面了。"李雄说。至于对这些公司资质的审核，他透露："需要公司的营业执照原件及其他一些证书，其他的就不知道了。"数据显示，目前每天有20多万家企业在使用百度推广。

据《环球人物》记者了解，对于首次开户的客户，百度通常一次性收取5600元，其中5000元是预存推广费，600元是服务费。在推广的过程中，客户可以自主调整投放预算；预存推广费用完后，还可以根据实际效果进行续费。

与竞价排名相对的是"自然排序"，即按照搜索引擎预先设定的算法排列搜索结果。这种技术通常代表着一家搜索网站的核心实力。比如谷歌就有自己的运算法则，而且申请了专利，其自然排序结果背后有 200 多个影响因素，但核心因素是"最大程度符合用户查询内容的相关性"，换句话说，与钱无关。

事实上，百度搜索结果是由"竞价排名"和"自然排序"两部分组成的，但位于"头部"的是付费推广信息。站在网民的角度，当然希望搜索结果真实客观、没有人工干预；而对搜索服务提供商来说，更希望引导消费者多点击付费搜索结果。在这一点上，百度与搜索用户之间存在天然的冲突，这是由其基础商业模式决定的。

有媒体报道，百度与众多中介推销机构签订了合作协议。某民营医疗集团品牌经理刘洋（化名）告诉《环球人物》记者："与百度签约的直销公司没有网上说的那么多，目前是北上广深和东莞一地一家，其他的都是分包商或者叫经销商，跟百度关系不大，只有这 5 家是直属，签合同的。"

但由此带来的效益却很可观。2015 年，百度总营收 660 多亿元，其中网络推广所带来的收入超过 95%。翻看百度过去 5 年的财务数据，这一比例虽略有下降，但总体变化不大。换句话说，百度绝大部分收入来源于网络营销，这种营利模式始终如一。

"原罪"之争

当公众的抨击声铺天盖地袭来，也有人在替百度辩护，其中引发激烈争论的一条理由是：正是竞价排名成就了百度。

2000 年，掌握着当时最先进搜索技术的李彦宏从美国归来，创建了百度。最初，它只能为门户网站提供不起眼的搜索服务，直到 2001 年 9 月，百度竞价排名正式上线，一举甩掉门户网站，变成主角走向台前。2003年第二季度，依靠竞价排名的收入，百度有了盈利。2005年7月，在百度的上市招股书上写着，超过90%的收入来自网络推广，而搜索软件服务的收入仅占7%。

正因如此，反对者认为竞价排名是百度的"原罪"。百度某疾病贴吧吧主张百生（化名）就对此深恶痛绝。"百度推广靠前的搜索结果基本上都不靠谱，尤其是医疗类的。一点进去，都会有专门的客服热情地与你联系，夸大治疗手段和疗效，如果不是内行，想不信都很难。"

在张百生看来，百度的"恶"就是过度商业化。"我们的吧友前几天还和百度推广前几名的一个骗子聊天，他直接就讲骗了多少人。我们问他有没有负罪感，他说有！连骗子都有负罪感，李彦宏难道不该想想办法吗？"

在公开场合，李彦宏对于竞价排名有过几次表态。2005年百度上市后，在接受媒体采访时他表示，竞价排名"是一个非常合理非常优秀的模式""可以让广告商家很精确地找到客户是谁"。2008年，央视报道了百度付费信息虚假问题，李彦宏表示竞价排名"不会伤害用户体验"。

然而，不少内部人士对《环球人物》记者透露，其实李彦宏一直在思考转型问题。李雄告诉记者："外界可能不知道，百度内部早就有与医疗切割的打算。近年来，医疗推广所占的收入份额也在逐年减少，只是幅度很小。但因为之前的基数太大，商业味儿太重，改革效果不明显。但我认为，高层对这个事是早就开始重视的。现在百度也在投资一些公司，希望切入别的领域，但要找到能替代竞价排名的高收入业务，恐怕一时半会儿办不到。"

企业的终极目标是利润最大化。如果放弃竞价排名，从目前看就等于让百度放弃利润支柱。有媒体评论称，阻碍百度"刮骨疗毒"的根本原因，就是把商业利益看得太重。

刘洋不太同意这种观点："我觉得最根本的不在利益，而在管理。为什么利益至上会成为一家企业的风气？是因为没有更好的评价体系。我接触的在百度做推广的人，没有干的时间特别长的。百度的企业文化做了些什么？一方面是许多打了鸡血做推广的人，另一方面又存在着许多闲人。人与人的关系是一家公司最根本的东西，所有事都和体制相关。如果非要说'原罪'的话，我认为技术无罪，罪在体制。"

百度一位前员工写的匿名文章也印证了刘洋的感受："每次百度被曝出负面新闻后，高管群里总是一副受害者论调，鲜有反思……在这种氛围下，真正的百度文化传统所提倡的反思精神、独立思考精神荡然无存。反而是那些善于阿谀奉承、掩盖问题、官僚做派的中高层如鱼得水。"或许正是企业文化的改变影响了百度自我修复的能力。

竞争与监管

很多人认为，百度"堕落"的一个重要原因是缺少强有力的竞争者。内部人士对媒体表示，随着谷歌在 2010 年退出中国市场，百度在业务战略层面趋于懈怠。

"我认为百度是一点点堕落的。"张百生对《环球人物》记者说，"谷歌离开中国时我非常高兴，觉得民族品牌把国际巨头干掉了。但这几年百度变了。2015 年年中，百度在所有贴吧最显眼的地方设置了强制性广告，吧主也无法删除。在我们的集体抗议下才变成普通广告。这几年百度一家独大，不太在乎用户感受了。"

李雄甚至对记者透露，不少百度员工都希望谷歌回来，这样可以加大百度的紧迫感，否则创新的步伐太慢了。

在对竞价排名的声讨中，谷歌被不断拿来与百度做"正"与"反"的对比。其实在 2011 年，谷歌也曾因为帮客户发布非法医药广告而被美国监管机构罚款 5 亿美元，而且还引发了一场讨论：搜索引擎服务商是否应对其推广链接中的内容负责？

通行的观点认为，搜索引擎难以避免信息虚假问题。有些信息的真伪是机器无法验证的，需要投入巨大的人力成本进行审核。考虑到中国的情况，百度如果要把所有虚假信息都用人工方式去审核，所花费的巨额成本将是企业无法承受的。

因此，法学界的共识是，广告内容应由广告商负责，搜索服务商如果可以证明自己尽到了合理审查义务，并实施了足以区分的措施，在广告出现问题时可以免责。

针对付费搜索的种种问题，美国采取了"他律 + 自律"的双保险。早在 2002 年，美国联邦贸易委员会就发布规定，要求搜索引擎"应当明确标识付费搜索结果，以区别于普通搜索结果"。一旦企业违反规定，美国监管机构就会处以巨额罚款。韩国在 2013 年发布规定，要求搜索引擎提供商每年公开排名原则，并明显区分广告和自然搜索结果。

事实证明，一次严厉的处罚就能让企业长记性。在被罚了 5 亿美元之后，谷歌就采取了更严格的措施来限制医药广告。2015 年，谷歌共去除了 7.8 亿条违反政策的广告，还屏蔽了 1 万个销售虚假商品的网站，并将 3 万个出售减肥产品的网站列入黑名单。在谷歌的页面上，付费搜索结果会标明"广告"或"赞助商"字样，而且会用醒目的黄色背景进行标识。现在，谷歌有一支超过 1000 人的队伍，专门监测和清除恶意广告。

他山之石，可以攻玉。对百度来说，魏则西事件或许是一次契机，正如李雄说的那样："希望领导层能利用这次机会好好反思，彻底与医疗推广告别，做一些更有意义的事情。"

（撰文：尹洁）

标致家族：被股权"稀释"的亲情

　　世界上不少汽车公司都由声名显赫的家族掌控，比如德国的宝马和大众、美国的福特，以及法国的标致。自从 1889 年第一辆标致汽车诞生后，这个日益兴旺的汽车企业就一直由标致家族掌控着。然而时至今日，由这个家族决定标致命运的时代可能要一去不回了。

　　2016 年 1 月 6 日上午，标致家族的元老级人物罗兰·标致去世。他从 1959 年起担任家族控股公司 EPF 的总裁；1972 年又出任标致汽车公司监事会主席，见证了标致与雪铁龙的合并。此后，标致雪铁龙集团（PSA）成为仅次于德国大众的欧洲第二大汽车制造商。作为集团重要领导者，罗兰直到 1998 年才"退居二线"，把家族领导权交到了下一代手中，由他的儿子让·菲利普·标致出任 EPF 的总裁。随着时代的发展和全球经济形势的变化，家族下一代成员之间的分歧和矛盾日渐显现，最终在 2015 年爆发成一场内讧。

126 年前造出第一台"标致"

标致家族的历史可以追溯到 15 世纪。在最初的 200 多年里，这个家族的成员们大部分以农业生产为主，另外一些人当了工匠、士兵、纺织工等，个别人则成了地方显贵。1725 年，标致家族成立了一间专门加工农产品的磨坊，开始从农业转向加工业。由于家族成员让·皮埃尔·标致善于经营，又相继开了染坊和榨油坊，最初的磨坊则变成了一家铸造厂，标致家族从此进入了工业时代。

1810 年，标致家族中最能干的兄弟俩儒勒和埃米尔成立了"标致公司"，开始生产五金制品。到 1850 年，家族已经在 3 个地区建立了工厂，产品包括锯条、弹簧、伞架等。就在同一年，标致公司著名的雄狮商标也正式亮相。在这一时期，标致家族的管理者显示出超常的远见，实施了一系列领先于时代的社会福利政策，包括开办储蓄所，设立互助基金，提供免费医疗和保险，开办医院、学校，实行退休金制度，推行 10 小时工作制等，比相关法律提前了 30 多年。

19 世纪后期，标致家族另一位杰出人物、儒勒之子阿尔芒·标致登上了历史舞台。他从小就对机械和经营充满浓厚兴趣，并在成年后接过了公司管理权。作为法国历史上著名实业家和汽车工业先驱，他预见到汽车这项全新发明的巨大潜力，将标致家族带入了汽车领域。

1889 年，在巴黎万国博览会上，阿尔芒带来了他与著名蒸汽动力学家莱昂·塞伯莱合作制造的三轮蒸汽汽车，并以自己的姓氏"标致"命名，在当时引起了不小的轰动。这也是世界上第一台标致汽车。1896 年，阿尔芒成立了"标致汽车公司"，从家族其他企业中独立出来。他拥有全面的商业才能，无论在技术上还是经营上都领先于时代。1904 年后的几年里，标致汽车每年都推出一款新车型，产量不断翻番。到 1913 年，当时的法国街道上，每 5 辆汽车中就有一辆是标致。

一年后，第一次世界大战爆发，很多汽车厂商陷入困境。阿尔芒及时调整战略，试图让企业在战争期间继续发展。然而他没能看到战争结束。1915 年，这位法国汽车业的先驱不幸病逝。

一战期间，标致公司成为武器和军车生产商，直到战后才重回正轨。这时的汽车已经不再是富人们的玩具，而成为大众消费品。之后的 50 多年中，标致汽车逐渐发展为全球性企业，不仅在全世界销售产品，也不断同其他汽车制造商合作、兼并。1974 年，标致收购了雪铁龙 30% 的股份，并在 1976 年法国政府注入大量资金后完全接管了新公司。在外界看来，这次合并实际上是标致吞并了雪铁龙。合并后的母公司即 PSA 集团，标致和雪铁龙两个品牌仍然独立存在，但是共享工程和技术资源。

又经过 30 多年的不断发展，到 2013 年，PSA 已经成为欧洲第二大汽车生产商。但随着集团的不断重组、变革，标致家族却陷入了越来越大的分歧之中。这得从 2014 年的增资协议说起。

再也难以"一家独大"

2014 年 3 月 26 日，在中法两国政府的支持下，中国东风集团和 PSA 资本正式结盟，签字仪式在法国爱丽舍宫举行。根据协议，东风集团将向 PSA 注资 8 亿欧元，持股 14.1%。这意味着，东风集团、法国政府、标致家族一同成为了 PSA 的大股东。

这次入股的最大推手正是时任 PSA 集团 CEO 菲利普·瓦兰。早在 2012 年，由于欧洲汽车行业非常不景气，PSA 亏损严重，急需增资，而当时持有 PSA7％股份的美国通用汽车集团却无法提供投资。菲利普·瓦兰于是将目光投向了中国东风集团，因为双方已是 20 多年的合作伙伴。2013 年，当 PSA 在武汉的第三家分公司成立时，增资计划被提上了日程。

在这种情况下，东风集团提出了自己的条件：入股后要实现"双赢"，而且要求标致出让一部分技术，以帮助东风集团发展自己的品牌。此时法国政府也闻声而来，要求和东风集团一道入股 PSA，并且还要获得同样份额的股权，理由是"避免中国公司控股过多，而且曾在 2012 年给予 PSA 贷款支持"。

当时，标致家族通过 EPF 和另一个家族控股公司 FFP，实际持有 PSA 集团 25.4% 的股份，是第一大股东。按照三方草拟协议，增资之后，标致家族的股比将被稀释到 14.1%，形成三方等比持股的局面，与此相应，家族在董事会中占据的席位也将减少。自标致公司诞生以来，200 多年的时间里，标致家族一直牢牢掌握着企业的实际控制权，一旦东风集团和法国政府入股，则打破了这种一家独大的局面。

正因如此，当时担任 PSA 监事会主席、FFP 董事会成员的蒂埃里·标致，一直反对增资入股决议，而他的堂兄，家族另一位高级成员、FFP 董事会主席罗伯特·标致则坚定支持增资入股决议。两人背后各有一部分家族成员支持，汽车豪门内部的分歧和争斗也露出端倪。

2014 年 1 月，法国《回声报》曾公布过一封蒂埃里写给罗伯特的信件，信中说："我为你即将让标致家族放弃掌控权的计划感到担忧。我认为标致家族应该一直陪伴着公司，而不是离开它。"蒂埃里在信中谴责罗伯特没有充分参与 PSA 的未来发展计划，他认为，公司的多次协商都被家族以外的成员控制，而家族控股公司却没有真正介入，与东风集团也没有真正意义上的接触。蒂埃里坚持认为，不需要东风集团和法国政府的增资，

PSA 也可以继续平稳运营。"目前的股东和市场完全能够保证持续增资以达到集团需求。"

然而，在 PSA 监事会成员中，赞成蒂埃里观点的人并不多。以罗伯特为首的支持者们认为，与其对市场抱有幻想，还不如寻找一个长期稳定的合作伙伴，东风集团正是合适的选择，"因为亚洲市场是标致雪铁龙在全球市场上唯一实现销售大幅增长的区域"。

经过一系列协商，2014 年 2 月 17 日，FFP 和 EPF 的董事会投票通过了三方协议书草案；第二天， PSA 监事会也批准了该草案。

100 多人开家族大会

随着协议的签署，增资入股在 2014 年 3 月尘埃落定。但蒂埃里与罗伯特之间的争端却没有停止。当年 6 月，在接受《回声报》专访时，蒂埃里又一次对罗伯特进行了指责："我在思想上是资本自由主义者，也是私有企业的保卫者。200 年来国家第一次要对集团控股，这肯定会带来一些问题。"

在这次专访中，蒂埃里对已经卸任的菲利普·瓦兰也进行了批评，认为他在任期间与美国通用汽车的合作是失败的。因为合作之前两年，标致家族的股份还占到 PSA 总股份的 30% 以上，等到与通用合作后，就降到了 25.4%，到现在仅占 14.1%，标致家族对集团的控制权在逐渐丧失。他坚称："家族依旧应该扮演一个重要的角色，这样集团才能留住它的灵魂。大家不要再认为家族对公司是一个牵绊了。"

当谈到与罗伯特的分歧时，蒂埃里说："这并不是我与他个人之间的恩怨，我也不愿意谈家族不和的问题，那就偏离了本来的方向。"他表示，自己盼望的是 PSA 能继续在全球拓展业务，现任 CEO 卡洛斯·塔瓦雷斯能够带领集团继续前进。

但这番话无疑刺激了其他领导层成员。罗伯特马上站出来，针锋相对地表示，即使家族股份比例降至 14.1%，也并没有放弃对集团的掌控。他认为，家族通过控股公司，已经对集团做了足够的投资以确保地位，而且东风集团和法国政府在未经标致家族同意的情况下也无法随意增资。

由于罗伯特等人的态度过于强硬，蒂埃里被迫于 2014 年 7 月从 PSA 监事会辞职。2015 年 5 月，经过 FFP 董事会成员的表决，蒂埃里又被驱逐出家族控股公司。这一次，不仅是罗伯特，就连蒂埃里的另一位堂兄——之前一直扮演调解人角色的 EPF 总裁让·菲利普·标致，都没有表示反对。

风波过后，为了在内部达成对未来发展方向的共识，标致家族在 2015 年 6 月召开了一次汇聚 100 多位成员的家族大会。其中的首要内容，就是要寻找家族两大控股公司的接班人。在目前仅控股 14.1%的情况下，标致家族希望通过内部协商，找到能帮助家族稳固其在 PSA 集团地位的方法。

对于一个历史悠久的家族来说，兴衰轮回、新老更替不可避免，但标致这个品牌依然有着旺盛的生命力。在法国，标致家族拥有一批世代相传的忠实支持者，他们表示并不担心集团未来的发展，"因为公司生产的汽车确实质量很好"。数据也支持了这一观点。2014 年，PSA 在全球的销售量增长了 4.3%，中国市场的销售量更是增长了 31.9%，成为集团第一大市场。而 2016 年 1 月的最新数据显示，PSA 的全球销量依旧在继续增长。

（撰文：尹洁 / 刘杨 / 黎文宇）

德国首富兄弟：只卖最廉价商品

卡尔·阿尔布莱希特（1920—2014），德国著名企业家，1961 年与弟弟泰欧·阿尔布莱希特（1922—2010）共同创建低价连锁超市阿尔迪。他们多年身居德国富豪榜前列，并曾以 230 亿美元和 180 亿美元的资产分列福布斯全球富豪排行榜第三名与第十四名。

在德国人心中，排名前三的本土企业是：西门子、宝马和阿尔迪。前两者是享誉国际的电子巨头和豪车品牌，唯独阿尔迪超市专门出售低价商品。

创始人两兄弟来自德国艾森，哥哥卡尔·阿尔布莱希特与弟弟泰欧·阿尔布莱希特共同打造了这家拥有典型德企风范的"朴实"超市。不过，这家老店的撒手锏可不仅仅只是廉价。

发明"折扣促销"

追根溯源，阿尔迪的前身是一家35平方米的小食品店，创立于近百年前。

阿尔布莱希特兄弟出生在艾森市郊的一个矿工家庭，父亲是鲁尔煤矿的工人，因为尘肺病丢了工作，母亲只好在矿工生活区开了家食品店，用来补贴家用。中学毕业后，兄弟俩就开始在母亲的店里帮忙。

一家人的生活刚稳定下来，二战爆发，两兄弟相继被征入伍，直到1945年才从战俘营返回故乡。几年后，母亲不幸去世，两兄弟便接下了简陋陈旧的食品店。由于资金有限，他们只能靠出售黄油、罐头、饮料等小食品勉强维持经营。

转机来自阿尔布莱希特兄弟一个偶然的发现。两人路过当地一家商店时，看到顾客络绎不绝，就凑上前仔细打量店门口的促销广告："凡是来本商店购物的顾客都会获赠积分券，年底时可按该年购物总金额的3%置换等价的商品。"他们意识到，店铺火爆是因为购物积分年终兑现的促销活动。这给了阿尔布莱希特兄弟很大的启发，两人考察一番后，决定也来点促销。不过他们并没有照搬那家商店的模式。

于是，食品店门口贴了张惹人注目的大红告示——"尊敬的各位顾客：本店从即日起，实行降价让利销售，降价幅度为3%。如果哪位顾客发现本店出售商品并非全市最低价，且所降低价格不到全市最低价格的3%，可到本店找回差价，并有奖励。"

结果短短几天后，食品店生意火爆起来，顾客多了好几倍，销售额也翻了几番。兄弟俩开始设立分店，到1960年，他们有了300家连锁店，年营业额9000万德国马克（约合5300万人民币）。他们发明的"打折促销"

149

营销手段很快在德国超市中风行。

真正的阿尔迪历史始于 1961 年——他们为连锁食品店重新取了名字，"阿尔迪（Aldi）"由兄弟姓氏阿尔布莱希特（Albrecht）和折扣（Discount）单词的前两个字母组合而成。光从店名上就能看出，他们确定了阿尔迪超市此后的发展路线——低价折扣。

也是在这一年，两兄弟决定将全德国的阿尔迪超市分而治之，哥哥卡尔负责德国南部分店，弟弟泰欧掌管北部。两人虽然分开经营，管理策略却保持了高度一致。

只卖 "明星产品"

除了廉价，阿尔迪的成功还有一个关键词——品类少。

其实自 20 世纪 20 年代初，这样的经营策略就已诞生。在艾森矿工生活区的小食品店里，由于物资短缺，狭窄的店面仅有面包和黄油等为数不多的商品出售。

战后德国经济开始复苏，当其他零售商纷纷扩大商品种类以迎合市场需求时，阿尔布莱希特兄弟并没有随波逐流。他们认为多年来品种匮乏并未影响阿尔迪赚钱。最终，阿尔迪选择调整商品的品种结构，从中挑选出最畅销的商品出售。

直到今天，阿尔迪销售的商品品种也仅有 750 种，在以"品种齐全"著称的沃尔玛，这个数字则达到了 5 万。阿尔迪虽然品类少，却囊括了所有生活必需品。阿尔迪是如何做到的？答案是每一品类只提供一两种品牌。比如，在一般的超市，顾客能找到近 20 种番茄酱，而在阿尔迪只有一种。阿尔布莱希特兄弟相信，在保证质量的前提下反复比较甄选，阿尔迪货架上的，就是同类商品中最具性价比的"明星产品"。

品类少也是阿尔迪维持低价的秘诀。因为没有其他选择，每件单品的销售额巨大，这就意味着，单品采购量也是不小的数目。有数据显示，阿尔迪单品年均采购额超过5000万欧元——沃尔玛只有150万欧元。这让它成了世界上最大的批发采购商，没有哪一家供货商能抗拒如此庞大的进货量，从而给出最低进货价格。

去阿尔迪德国门店，你会发现价签上的数字，就算是按中国人的收入水平来说也相当低。比如，一公升盒装牛奶只要人民币3元，一公升盒装果汁也不超过5元。所以对于消费者，如此低价就弥补了超市商品品种单一的缺陷。并且，少了繁杂的品牌选择，顾客也省去了对比时间。干脆利索买回家的商品价格最低，并且还有质量保证。

货物品种少的另一个优点就是，店铺陈列和运输仓储方便高效，极大简化了卖场管理。德国每家阿尔迪店铺只有300至1100平方米，装修也极为朴素。为节省成本和上货时间，商品被装在纸箱里，码放在光秃秃的货架上，看起来有些拥挤，但干净整洁，分类明确，丝毫不影响顾客拿取商品。

如果用一句话来形容阿尔布莱希特兄弟产品经营的成功，那就是"极致简单"的产品管理。

最"抠门"的管理

在运营上，阿尔布莱希特兄弟也追求简单，拒绝"繁冗"。公司从不设行政管理部门、公关部门、市场调查部门。这些"偷懒"的策略，竞争对手都不敢随意模仿。

宣传方面，阿尔迪的广告投入只占总营业额的 0.3%。每周放在超市入口处的《阿尔迪信息》是唯一的宣传途径，上面列有下周将上架的廉价商品。不过效果颇佳，那些希望购买到廉价物品的顾客，天没亮就在超市门前排队等候。

超市也没有客服人员。如果你买了不满意的商品，阿尔迪承诺无条件退货，甚至是喝了一半的啤酒、咬了一口的奶酪，全都能退。阿尔布莱希特兄弟的理由是，这样可以省下与客户纠缠的客服人员聘请费用、电话费和律师费。

阿尔迪因此被称为"最抠门的企业""零服务的地方"。但顾客都欣然接受，因为低价足以让他们忽略所有"缺点"。

唯独在商品定价上好像"大方"了起来。阿尔布莱希特兄弟在门店测试了一段时间，他们发现营业员的找零会影响工作效率。于是两人盘算，索性将商品价格尾数都规整，改为 0 或 5。比如，原来标 1.57 马克的商品改为 1.55 马克，原来标 1.54 马克的改为 1.50 马克。表面上超市亏了，但如此一来，找零方便了，员工对货物的价格倒背如流，收款速度甚至比大部分配有扫描式自动收款机的超市还要快。并且，"让利"一举吸引了更多顾客。

在"抠门"的管理风格下，阿尔布莱希特兄弟的每家店只需要 4 至 5 名员工，人均服务面积超过 100 平方米。阿尔迪聘请的多是精干的年轻员工，人人都是多面手，收银、规整货架、参与管理，事事精通。这就意味着，又能节省不少劳力成本——阿尔迪劳力成本仅占总收入的 6%，而在普通超市，这一比率达到 12% 至 16%。尽管听起来工作任务繁重，阿尔布莱希特兄弟却懂得招揽人才，他们为员工开出高薪，并提供很多升迁机会。要知道，如果你能在这里当上部门主任，就能拿到 20 万马克的年薪（约合人民币

95 万元）。

"比雪怪还神秘"的富豪

阿尔迪一度被认为是"穷人店"。但事实上，阿尔迪早就不再是独属穷人的购物天堂。德国人原本就务实，节约型社会的生活方式占主流，庞大的中高阶层队伍也是阿尔迪的重要消费群，超市外面常常停着各种豪车。就这样，阿尔迪成了德国超市霸主——平均每 2.5 万人就有一个阿尔迪超市，德国居民的食品消费支出中，每 4 马克就有 1 马克是给阿尔迪的。

2006 年，沃尔玛在德国经营 8 年后，被阿尔迪彻底"扫地出门"。即使在美国，沃尔玛"天天低价"的宣传口号也没能阻止人们去更便宜的阿尔迪购物。如今，阿尔迪在美国已经有了 1500 多家店，年营业额达 200 亿美元，预测将在 2018 年底扩张至 2000 家。而阿尔迪在全球的总营业额已经达到了 668 亿欧元，开店超过 1 万家。

拥有如此庞大的产业，阿尔布莱希特兄弟曾多年身居德国富豪榜前列，频频荣登福布斯全球富豪榜。但兄弟俩有个"怪癖"：从不出境，不赴饭局，不参加活动，也明令禁止所有员工接受媒体采访。低调是两兄弟的一贯作风，他们最后一张照片还是 20 世纪 80 年代在非自愿的情况下被拍到的，媒体戏称其为"比雪怪还神秘"的富豪。泰欧和卡尔分别于 2010 年和 2014 年去世，至今他们的生活仍是德国一大谜团。

两人生活中的"抠门"作风也和超市如出一辙。据悉，在他们的高尔夫球场上，立着 10 个储油罐，存储着 100 万升石油，以防石油涨价。1971 年，弟弟泰欧被人绑架，绑匪提出了 1000 万马克的高额赎金。家里人与绑匪讨价还价，硬是把赎金打了折，最后只付了 700 万马克。

如今，公司资产由家族后人共同管理。2016 年德国福布斯富豪榜上，哥哥卡尔的子女贝阿特·海斯特和小卡尔·阿尔布莱希特排第一，身家 259 亿美元。父亲过世后，海斯特从未在阿尔迪工作过，小卡尔曾担任多项职务，后来因病退出管理层。两人掌握一项以他们母亲命名的基金，据估计至少拥有南部阿尔迪 75% 的股权。弟弟泰欧的儿子贝特霍尔德则与其家人共同管理着北部阿尔迪，以 203 亿美元身家位列富豪榜第二。除了资产，后人还继承了阿尔迪创始人兄弟的低调作风，他们也从不在媒体上抛头露面。

（撰文：周润丰）

格鲁夫：硅谷的"狼"走了

人物简介：安迪·格鲁夫，1936 年出生于布达佩斯，20 岁时逃至美国，后获加州大学伯克利分校博士学位。1968 年加入英特尔，1987 年任 CEO，1997 年任董事长。2016 年 3 月 21 日，格鲁夫去世。

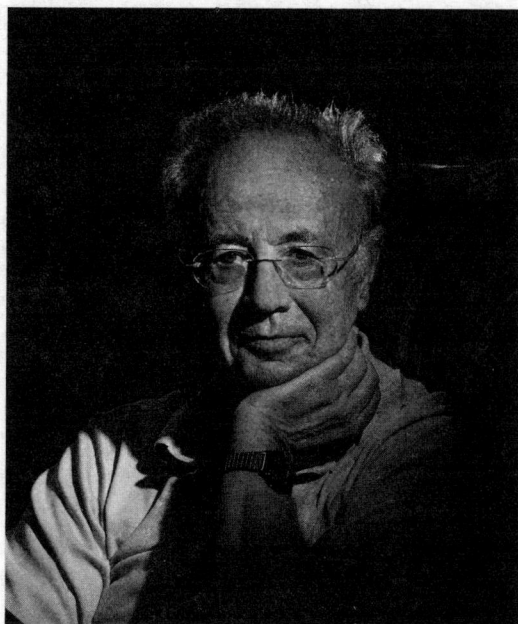

安迪·格鲁夫

苹果新手机 iPhoneSE 发布、阿尔法狗大战李世石的新闻沸沸扬扬占据了美国主要科技媒体的头版，紧随着的是一条讣告——英特尔前 CEO 安迪·格鲁夫去世，影响整个硅谷的"偏执狂"离开了我们。

硅谷大咖纷纷表示对格鲁夫的崇敬。"硅谷有史以来最好的公司创始人，也许后无来者。"投资人安德里森更新了博客，以此悼念。微软创始人盖茨对格鲁夫崇拜无比："我跟他站在一起总会被他的才华和愿景折服。"而格鲁夫最有名的追随者是乔布斯。乔布斯曾说，这是自己唯一愿意效劳的人。回到苹果前，他还特地打电话征询格鲁夫的意见。

让格鲁夫功成名就的是——亲手缔造了芯片巨人英特尔，并且在某种程度上，格鲁夫也是硅谷精神的开创者。有人说，乔布斯对产品的偏执"师从"格鲁夫，后者有句响当当的名言，"偏执的人才能生存"。历经纳粹阴影、右耳失聪、难民逃亡，还有英特尔无数次的灭顶之灾，格鲁夫一生充斥着恐惧。但他把这种恐惧转化成一种管理手段，影响了一代硅谷人。

逃离"最安静的首都"

多翻几张格鲁夫的照片你会发现，他总爱穿一身纯色高领衫。以硅谷的标准看，原来乔布斯只是个"拿来主义者"。2004 年辞去公司职务后，格鲁夫再出现在公众面前，常常是去高校演讲。讲台上的他身材匀称，依旧是纯色高领衫，高仰着头，不时斜眼看下面的听众。

格鲁夫还有个身份标签，在美国生活半世纪，英语仍带着匈牙利语的味道。

匈牙利的首都、多瑙河畔的布达佩斯，格鲁夫的故乡就在这里。布达佩斯曾被誉为"世界上最安静的首都"，二战期间却步德国后尘，走上了纳粹法西斯道路。格鲁夫出生在一个犹太家庭，少年生活笼罩在纳粹阴影下。他3岁时患上猩红热，为了治疗，耳后的骨头被凿开，捡回小命后，落下右耳失聪的终生残疾。

20岁时，格鲁夫终于逃出了匈牙利。在回忆录里，他描述了这段“难民史”。“二战刚刚结束，无数民众起义被镇压在枪口下，在这段民主混乱时期，20万匈牙利人逃到西方——我便是其中一个。”

格鲁夫还在回忆录里写道，此后再也没回过匈牙利。他感谢美国的自由土壤。他当年兜里揣着20美元到了美国，仅仅用了3年便自己学会英语，靠当服务员支付了学费，以第一名的成绩从纽约州立大学毕业。又过了3年，格鲁夫获得加州大学伯克利分校的工程学博士学位。

再后来格鲁夫认识了生命中最重要的伙伴诺伊斯和摩尔，著名的英特尔“三驾马车”——3位联合创始人。其实在英特尔之前，“三驾马车”就有了第一件创业作品，他们与其他5位工程师共同创建仙童半导体。这家公司在硅谷历史上地位举足轻重，被称为硅谷基石、工程师孵化器。20世纪80年代，硅谷70家半导体公司有一半员工都是从这里走出来的。

也是在仙童，格鲁夫有了脾气火爆、决不让步、坚毅好斗等伴随他一生的评价。1968年，仙童骨干们纷纷离职创业，诺伊斯和摩尔创立英特尔，邀请格鲁夫加入时，他毅然决定投身这一战场，成为英特尔第三名员工。

“偏执是因为恐惧和怀疑”

“三驾马车”如此分配角色：如果说诺伊斯是英特尔的灵魂，摩尔是心脏，那么格鲁夫就是公司的拳头。没有诺伊斯，英特尔不会是一家著名公司；没有摩尔，英特尔不会成为行业领袖；而没有格鲁夫，英特尔甚至都不会成为公司。

所以，在英特尔其他两位创始人性情温和的情况下，格鲁夫的雷厉风行就显得尤其重要。1976年，格鲁夫上任首席运营官，更彻底地表现出了强悍作风——从当时的芯片巨人摩托罗拉手里，抢下2500家客户。

担任CEO的10年，格鲁夫带领英特尔打了无数硬仗。最严峻的一次是1985年，公司险些被挤出市场。此前英特尔一直是生产存储器的公司。在所有人心目中，英特尔就等于存储器。但这时日本的存储器厂家日益壮大，他们靠提供低价格高质量的产品站稳脚跟。在这场价格战中，英特尔出现了大危机，1986年亏损1.7亿美元，随后两年，每天绕在格鲁夫耳边的都是裁员、减薪、关门。

有一天，格鲁夫和时任公司董事长的摩尔谈论公司困境。他意志消沉地问："如果我们下台，来了新总裁，他会怎么办？"摩尔犹豫了一下："他会放弃存储器的生意。""那我们为什么不自己动手？"格鲁夫决定赌一把——他相信依赖微处理器的PC市场终会崛起，来一次大变身吧。

格鲁夫赢了。英特尔突围成功，转型成一家微处理器公司，多年后几乎垄断了全球的微处理器市场。如今还如雷贯耳的奔腾，就是这场战役中的主打产品。

从这之后，"偏执狂"成了对格鲁夫最广为流传的评价。"偏执是怀疑和恐惧。"格鲁夫天生有一种无法摆脱的危机感，"这个世界说不定哪天偏要和你作对。产品没人买怎么办？公司倒了怎么办？"他为人称道的商业法则是，保持警觉，时刻为意料外的变化做准备，而面临转折危机，要像偏执狂一样，义无反顾地选择改变。

心里的刺柔软起来

人们也常把格鲁夫的管理风格和他的经历联系起来。格鲁夫是个暴君，他的苛刻近乎无情，比如在变革中，随时可能大手一挥、眼睛不眨地裁掉万名员工。

格鲁夫打造了英特尔的狼性文化，他要求每位员工战战兢兢拿出125％的工作效率，还会对犯错的女下属怒吼，"如果你是个男人，我早就打断了你的腿"。公司内部有一条规则，如果你没有明确的观点和足够充分的证据，那就千万不要出现在会议室。不过即便如此，同事仍会为他正名，"他只是为了找到最能解决问题的手段"。

格鲁夫也有柔软的一面。在家庭角色里，格鲁夫是温柔的丈夫和爸爸，来美国的第二年，他与伊娃相识，两人相爱厮守终老。他们的两个女儿，格鲁夫也甚是疼爱。而在英特尔，格鲁夫没有独立办公室，没有特殊停车位，这些亲民措施后来被 Facebook 等硅谷公司效仿。

30 年前，摩尔提出一条被公认的定律：一美元能买到的电脑性能，每隔 18 ～ 24 个月翻一倍以上。定律揭示了信息技术进步飞速，现在想来，也预示着硅谷人的更新换代。如今，格鲁夫的离世让人猛地想起，有位传奇 CEO 书写了一部经典的移民发迹史，开创了为后人所敬仰的硅谷精神。

（撰文：李雨）

古驰三代恩怨，葬送家族品牌

　　说到古驰这个品牌，中国人可谓耳熟能详。但恐怕很少有人知道，这家全球闻名的意大利奢侈品集团，其实与创建该品牌的古驰家族已经没有任何关系了。近几年，这个家族第三、第四代成员极力想创建自有品牌，公司名称却总离不开"古驰"这个姓氏，导致官司不断。2016年初，古驰集团的高层在接受采访时对古驰家族提出警告，要求他们吸取之前"不断败诉"的教训，避免再出现侵权问题，否则集团会随时提起巨额赔偿。

　　为何延续了100多年的古驰家族落到如此境地？每代的"内战"足以给出答案。

"奇葩老爸"埋祸根

　　古驰品牌的创始人古驰欧·古驰1881年出生在意大利佛罗伦萨。40

岁那年，他创建了以自己名字命名的皮箱店。二战爆发后，由于古驰制作的军靴质量过硬，意大利军队大量订购，这为古驰家族带来了滚滚财源。1938 年，古驰欧的长子艾杜到罗马开设分店，意大利皇室和英国首相丘吉尔都成了他的常客。二战结束后，古驰家族又在意大利博洛尼亚开办了皮革加工厂，专门生产高档女式皮包和配件。1951 年，古驰欧最小的儿子鲁道夫在米兰开了分店。从此，古驰品牌进入了高速发展期。

虽然在商业上经营有方，但在家庭关系的处理上，古驰欧却堪称一位"奇葩老爸"。他的性格咄咄逼人，有很强的控制欲，虽然其三子一女都进了企业管理层，但平时极少向父亲提不同意见，因为只有具备"出奇勇气"的人才敢反驳古驰欧。

更要命的是，出生于 19 世纪的古驰欧还残存着"小农意识"。为了巩固自己的权威，他经常故意挑拨三个儿子艾杜、瓦斯科、鲁道夫之间的关系，让他们相互牵制，对外却表示是为了"激发他们的上进心"。

1953 年，古驰欧突发心脏病去世。他在遗嘱中把公司股份平均分给儿子们，却把唯一的女儿排除在外，理由是"女人不能分享股份""公司只能由男性子孙掌管"。

这一年，古驰欧的女儿葛丽玛达已年过五旬，为家族企业操劳了近 30 年。早年古驰资金出现问题时，她曾拿出自己的全部积蓄，可谓立下汗马功劳，现在却只得到一间农舍、几块农田和 5 万里拉现金。葛丽玛达试图与弟弟们协商，却被毫不留情地拒绝了；她求助于法律，最后仍然以失败告终。愤怒的葛丽玛达选择了一种特殊的报复方式——不断曝光家族权力斗争的丑事，于是越来越多的内幕被公众知晓。

表面上看，古驰家的三位男性继承人获得了同样多的股份，但他们在公司经营和发展中所起的作用却大相径庭。企业首屈一指的功臣是艾杜，他一直是父亲的得力助手，古驰真正的辉煌也是从他手中开始的。瓦斯科性格随和，比较懒散，获得遗产后整天沉迷于打猎。至于鲁道夫，从小一心想当电影明星。17岁时，他曾在意大利电影《铁轨》中担任男主角，但之后再也没有超越这个高度。快40岁的时候，他才彻底放弃演艺事业，进入家族企业。

尽管缺乏经验，鲁道夫却很受父亲偏爱，一进公司就被安排和艾杜同等职位，不久又奉父命去米兰开设分店。这当然引发了艾杜的强烈不满，兄弟间的竞争和嫉妒逐渐升级。古驰欧去世后，子女之间结成了不同的利益联盟，家族陷入"军阀混战"状态：最初是艾杜和鲁道夫彼此较劲；后来变成二人联手对抗瓦斯科；葛丽玛达告上法庭后，又变成三人联合对抗大姐。

进入20世纪60年代，艾杜和鲁道夫逐渐控制了大局，二人原本分工很明确：鲁道夫负责意大利本部和欧洲分店，艾杜负责美国地区。兄弟俩在各自地盘内相安无事，但彼此都想取得古驰的最高决策权，大家心里明白，冲突早晚都会发生。

夺权丢掉股权

1975年，瓦斯科去世，艾杜和鲁道夫购买了他的股权，各自持有公司50%的股份，艾杜又将10%的股份分给自己的三个儿子。随着第三代家族成员进入企业，兄弟子侄间的隔阂也越来越大。1978年，古驰美国分部的生意日益兴隆，服务水平却江河日下，被媒体评为"最无礼的商店"。鲁道夫觉得机会来了，就把自己唯一的儿子莫里吉奥派过去"辅助伯父"，实际上却是为了制衡权力。艾杜马上还以颜色，把自己的二儿子保罗安排到佛罗伦萨总部任职。

上任第一天，保罗就要求查账，并傲慢地对叔叔说："身为董事和股东，我有权知道公司的运营情况。"鲁道夫的回击是给侄子写了一封亲笔信，内容只有短短的一句："因工作不称职，古驰公司决定解雇你。"

没能完成任务的保罗也失去了父亲的信任，落得里外不是人。一怒之下，他决定自立门户，并用自己的名字保罗·古驰注册了新品牌。家族当然不会同意，结果从1981年到1987年，保罗先后17次把古驰公司告上法庭，要求行使自己的姓名权、商标权，引发世界关注。美国媒体评论："豪华的外表下，激烈的家族纷争正在上演！"

为了发泄恨意，保罗与家族可谓恩断义绝。1983年10月，他把自己搜集到的古驰公司逃税证据交给美国税务机关，促使法院立案。他甚至控告自己的父亲，导致艾杜因逃税740万美元而入狱一年。1995年，保罗在贫病交加中去世，直到生命结束时他对家族的仇恨都没有丝毫消减。

与保罗相反，被派到艾杜身边的莫里吉奥却很得伯父赏识。他从小失去母亲，在父亲的呵护下养成了文质彬彬的气质。经过几年的培养和考察，艾杜和鲁道夫一致将他内定为家族第三代接班人。

然而世事难料。鲁道夫去世后，在1984年10月召开的家族董事会上，莫里吉奥突然夺权，宣布就任古驰美国分部和意大利总部的"双料董事长"。艾杜毫无防备地被踢出董事会，从此退出权力中心，第三代正式执掌古驰。

这次"政变"是保罗暗中策划和怂恿的结果。事实上，莫里吉奥并不具备企业家的坚定和踏实，而是更富于感性和理想主义。艾杜其实也看透了这一点，但为时已晚。他离开公司时曾预言："看吧，任何东西一旦落入志大才疏的人手里，总要面目全非，古驰也不例外。"果然，莫里吉奥最终把家族企业带入了万劫不复的境地。

1987 年，为了应对严重的财税问题，莫里吉奥决定出售部分股权。他联系到几家投资银行，把古驰38.4%的股份卖了出去，自己则继续担任总裁。进入 90 年代，古驰销量一路下滑，陷入内外交困的状态：没有流动资金、没有设计师、没有新货，甚至连做包用的鳄鱼皮都没钱买。各大银行都在逼债，公司不动产和莫里吉奥的豪宅全部遭冻结。1993 年 9 月，走投无路的莫里吉奥签署了股权出售书，从投资集团拿到 1.2 亿美元现金后退出了公司。从此，整个家族与古驰品牌的实际经营再无关联。

后古驰时代

家族品牌旁落，但"内战"仍没有停止。亲手葬送了家业的莫里吉奥在 1995 年又一次成为媒体焦点，但这次却是因为一场血腥的悲剧。

如果说莫里吉奥在事业上是个失败者，那么在个人感情方面他做得更糟。22 岁时，他遇到了美艳的帕翠莎，不顾父亲反对与她结了婚。婚后，帕翠莎表现出极强的控制欲，大事小情都要她说了算，而且挥金如土。两人的矛盾日渐加深。1985 年，莫里吉奥决定离婚并离家出走。但帕翠莎摆出一副"宁死不离"的态度，无论丈夫提出什么条件都无济于事。两人的婚姻关系一直拖到1991 年，最后由法院做了离婚判决。莫里吉奥每年给帕翠莎 50 万美元生活费，并支付两个女儿的抚养费。拿到判决书那天，帕翠莎悲愤欲绝，咬牙切齿地说："我恨不得马上看到他死去。"旁人都以为她的恨意会随着时间减退，但事实证明并没有。

1995 年的一个早晨，一名杀手连开 3 枪，在米兰市中心将莫里吉奥当场打死。18 个月后，帕翠莎被捕，承认是自己雇的职业杀手所为，此时他们已经离婚 4 年了。警方发现她的日记里写满了对前夫的仇恨，而且蓄谋已久，法庭判帕翠莎入狱 29 年。

莫里吉奥死后，古驰家族一度消失在公众视野中。成员们各奔前程，丑闻也渐渐淡去。直到进入 21 世纪，家族第四代成员逐渐活跃起来，但他们的名字却仍然与官司或丑闻联系到一起。

古驰欧的曾孙女伊莎贝拉于 2010 年 7 月宣布，计划在全球建立"古驰连锁酒店"。古驰集团随即起诉，称她侵犯了商标权。最终法院判决古驰集团胜诉，禁止伊莎贝拉出于商业或广告目的使用古驰商标。2014 年 9 月，第四代成员古驰欧（与曾祖父同名）又惹了麻烦。他注册了一家手袋配件公司，但很快破产，原因也是使用了"古驰"字样的商标而被起诉。

目前，家族第四代成员分布在意大利和美国的多个城市，很多人都想重振家业，但由于家族内部矛盾深重，无一成功。2015 年末，一位家族成员对媒体表示："古驰家族现在太庞大和分散了，彼此之间失去了凝聚力，难成气候。"业内人士则认为，古驰家族要想"拿回自己的姓氏"，最好的办法是团结起来收购古驰集团的股份，逐渐渗透、扩张，最终占据统治地位，但这只是理论上的可能。

由祖先一手创办的企业，今天却禁止自己使用家族姓氏经商，这充满讽刺意味的结局，实在令人唏嘘感慨。

（撰文：尹洁）

京沪深房价上涨真相

人物简介：刘洪玉，1962 年出生，1980 年考入清华大学土木工程系，1985 年获学士学位，1988 年获管理工程专业硕士学位。现任清华大学房地产研究所所长，教授、博士生导师。

过完猴年春节，许久没有被热议的"房价"突然再次火爆起来。从一线城市京沪深，到二线城市南京、苏州、厦门等，房价都出现了快速反弹。数据显示，2016 年 2 月，深圳和苏州新建商品住宅价格同比涨幅分别达到了 63.1% 和 44.7%，北京、上海、南京、厦门 4 个城市的同比涨幅，也都达到了 20% 左右。在网络上，到处都是"房价飙涨"的信息；微信朋友圈里，一次次被"亲历抢房"的内容刷屏；两会上，房价也成了代表和委员的焦点议题。经历过 2015 年的萧条，才几个月时间，市场预期就从"跌"变成了"涨"。在新一轮"抢房热"背后，是否隐藏着风险与危机？清华大学房地产研究所所长刘洪玉围绕相关问题进行了解读。

一线城市仍供不应求

在刘洪玉看来，此轮房价上涨的首要因素来自政策层面："2015年，央行累计降息5次，连续降准4次；进入2016年，又有一系列楼市新政出台。2015年货币政策和住房信贷政策的累加效果，加上2016年进一步下调最低首付款比例、再次降息降准，都在客观上推动了房地产市场的回暖。"

另一个重要因素是，在去库存的大背景下，政府逐步放松了对楼市的管制，比如降低契税税率的政策，就对市场构成了直接刺激。此外，楼市中投机、炒作、加杠杆，中介吃差价、隐瞒信息等不规范行为，消费者买涨不买跌的心理、"羊群效应"等非理性行为……在种种因素的共同作用下，一线城市房价蹿升也就不足为奇了。

刘洪玉

刘洪玉告诉《环球人物》记者，国家统计局公布的 2015 年全国"商品房待售面积"为 7.19 亿平方米，住建部门统计的 2015 年末全国累计可售面积约 25 亿平方米。"按 2015 年现房和预售房的销售速度估算，这两类库存的消化周期分别为 27 个月和 24 个月，都超过了 12 ～ 18 个月的合理周期。"正因如此，去库存已经成为经济领域重点工作之一。

但是，刘洪玉也强调，目前去库存压力主要集中在三四线城市和部分二线城市，而一线城市和少部分二线城市，不仅没有去库存问题，相反还面临着供应不足的情况。所以，目前三四线城市主要是解决过量供应问题，而一线城市则是防范价格泡沫。"抑制价格、打击投机、防范金融风险、加强住房保障，才是这些城市面临的任务。"

但宏观经济政策不可能因城而异，地区之间也存在传导机制，当去库存政策和抑制房价过快上涨政策同时存在时，很可能会产生城市间的相互影响，这就进一步加大了房地产市场的调控难度。"从这个意义上讲，对房地产市场的调控，除了有中央的统一政策、分类指导外，还需要有地方政府的因地制宜和主动作为。"

"天价房"不必抢

自从房价暴涨以来，各种"疯狂抢房""天价房"的消息层出不穷，极其吸引眼球。3 月初，媒体报道称，北京市西城区文昌胡同一处面积 11.4 平方米的"学区房"，卖出 530 万元的高价，每平方米达 46 万元。在房产中介的网站上，类似的房源信息比比皆是：7.7 平方米售价 340 万元、20.8 平方米售价 810 万元、15.75 平方米售价 610 万元……以至于有记者在两会上询问教育部长袁贵仁"这种学区房该不该买"。

《环球人物》：您怎么看待"天价"学区房的真实性？

刘洪玉：现在似乎没有人怀疑这个交易的真实性。但如果是在香港出现了这么特殊的交易个案，香港地产代理监管局通常会去核实其真实性。一旦发现是代理公司或经纪人虚构交易，或交易信息严重失真，会对相应的持牌公司或个人给予非常严厉的处罚，因为他们严重误导甚至扰乱了市场。包括房源挂牌信息，如果过于离谱、有误导性，尤其是在市场非常敏感的时候，就会有机构出面干预。但在北京，"天价房"都成为两会话题了，却没有机构去核实这宗交易是否真的存在。

《环球人物》：如果确实存在此类交易，您认为买房者"抢房"的原因是什么？

刘洪玉：即使交易真实，这种所谓的"学区房"显然也不是刚需，因为它不是基本的住房或就学需求。过去曾出现过以投机为目的的类似交易，主要是为了在那些潜在再开发地段占个边、占个角，等待巨额的拆迁补偿。但这个"单价46万"的房子是在胡同深处，周边同类房子一大把，似乎也没有投机价值。所以只有炒作这一个理由可以说得通。老百姓应该在这样的信息诱导下去抢房吗？答案显然是否定的。

《环球人物》：那么对普通老百姓来说，什么时候才是买房的最佳时机呢？

刘洪玉：百姓想把握最佳买房时机是非常难的。但是，大家应该知道什么样的房子是自己理想中的，假如在市场上发现了自己理想的房子，尤其是在一线城市和主要二线城市，最好别错过机会。

《环球人物》：您如何看2016年房价的发展趋势？长期走势又是怎样的？

刘洪玉：我认为2016年的房价总体上会趋于稳定，但市场分化的态势还有进一步发展的空间，各线城市房价差距继续扩大的可能性很大。从长期看，由于中国经济持续增长、居民收入不断提高、人口增加等因素，房价总体上会是一个上涨的趋势。但宏观政策调整、重大事件、供求失衡、参与者行为等因素也会导致房价的短期波动。随着中国经济进入新常态，房地产市场也将改变过去单边上涨的情况，有涨有落将成为房地产市场的新常态。

"首付贷"要小心

对于某些口袋里只有 50 元钱，却想购买 100 元理财产品的人来说，先借 50 元，赚到利息后再还掉似乎是个"聪明"的办法。这个过程就是"加杠杆"。在房地产市场中，现在最典型的杠杆莫过于"首付贷"，不少中介、地产商、门户网站甚至大型金融机构都涉及此类业务。所谓首付贷，是指在购房人首付资金不足时，地产中介或金融机构为其提供过桥资金，帮购房人解决短期内的资金不足问题，但也客观上放大了购房杠杆。目前，在一些房价上涨较快地区，首付贷让部分购房者的实际首付已降至 10%，这相当于 10 倍的杠杆，比例远高于 2015 年股市巅峰时期的"场外配资"，其中的风险不言而喻。

《环球人物》：有人把此轮房价暴涨类比 2015 年的股市，认为目前是在加杠杆、配资阶段，风险很大。您怎么看？

刘洪玉：从各种消息看，2016 年部分城市房价快速上涨，确实有加杠杆的影子。明的加杠杆是在房价上涨的背景下降低首付款比例，暗的加杠杆就是所谓的"首付贷"。有些城市推出"零首付"，实际上就是想用加杠杆的方式去库存。这种做法短期可能有效，但长期绝对是很有害的。"零首付"的个人住房贷款通常被认为是"有毒贷款",一旦房价下跌,或者购房者无力偿还贷款,将引发连锁反应,危害性很大,尤其是在房价不稳定甚至大幅波动的城市。

《环球人物》:现在有不少机构把房贷打包成"理财产品"推向市场。

刘洪玉:这种理财产品主要与首付贷相关。除了一些 P2P 平台,可能也有银行参与其中。首付贷本来是为买自住房的人提供短期过桥资金的,购房者要用未到期的定期存款或者理财投资作为担保。如果变成为投机性购房加杠杆服务,就会面临巨大的违约风险。前面提到的一些城市,既然一年内房价能上涨 20% 以上,也就能下降 20% 以上。假如首付款的 2/3 来自首付贷,那么违约风险是显而易见的。推销这种"理财产品",等于要投资者承担这一风险。

《环球人物》:普通投资者如何判断这种风险、避免血本无归?

刘洪玉:普通投资者判断能否参与这类"理财产品"的最有效方式,就是看投资收益是否明显超出了正常水平,现在投资年化收益率在 4%～5% 比较正常,到 8%～10% 就要小心,超过 10% 最好远离,高收益一定是和高风险相伴随的。

《环球人物》:防范房地产杠杆的风险,相关机构应该做些什么?

刘洪玉:从防范系统性风险的角度出发,金融机构应该强化防范风险意识、严格自律;政府应该加大监管力度,及时把握房地产市场的杠杆水平,发现和查处违规违法行为,将风险控制在萌芽状态,绝不能让有毒贷款扩散、传染,危害整个经济体的健康。

（撰文：尹洁）

柳甄：专车市场挑战"不可能"

人物简介：柳甄，北京人，毕业于中国人民大学和美国加州伯克利大学。曾在美国硅谷做过 10 年律师，现任优步中国战略负责人。

在专车市场，有个尽人皆知的"企业家族"：柳传志的女儿柳青是滴滴的总裁，侄女柳甄是 Uber（优步）的中国战略负责人，而柳传志的联想则是神州专车的大股东，柳家几乎包揽了专车市场的主要份额。

似乎，从人们认识柳甄起，她就被贴上了家族的标签，也会时不时拿来和柳青作比较。因为两人确实有太多相同的地方——都曾在美国读书和工作，如今又进入同一个行业，就连穿衣打扮也有几分相似，头发自然偏向一边，透着几分干练。

不过，在《环球人物》记者面前，柳甄却不愿过多谈家事。这位上任未满一年的优步负责人，正在用成绩单证明自己。柳甄说："我想专注做好眼前的事，就像登山，一步一步脚踏实地往前走，走着走着，就豁然开朗了。"

"空降兵"的表现

柳甄在美国做过 10 年律师。2015 年 5 月，她"空降"优步，成为中国战略负责人。与那些刻板的律师和高冷的高管不同，柳甄总是面带笑容，还有几分感性。在记者拍摄时，她拿着有优步 LOGO 的小熊摆着各种姿势，活脱脱一个"80 后"。而当谈到一些敏感问题时，柳甄又会用一些简单的例子避开核心问题，显示出律师的口才。

柳甄

作为美国打车的"独角兽"，优步如今的估值已达 600 多亿美元。而让柳甄这样一个"外行"来掌管中国这个大市场，多少让人有些意外。不过，柳甄说，加入优步"符合自己内心需要"，一切都来得水到渠成。

在硅谷做律师时，柳甄常和一些创业公司打交道，做一些投融资、并购、上市等方面的法律服务。她天天跟创业者在一起，讨论如何帮他们搭建股东架构、分配期权，建立有效的激励机制等。在这个过程中，许多客户成了柳甄的朋友，她也体会到了创业者的艰辛。柳甄和优步的创始人卡兰尼克就是这样相识的。不过，柳甄说，她来到优步，不只是因为卡兰尼克的邀请，更多的是优步对她有足够的吸引力。这个吸引力有多大？柳甄举了个例子。有一次，柳甄和同事们聚餐，大家聊天的主题是"万万没想到"。一个在中东工作过的同事说，他喜欢挑战和冒险，可"万万没想到"在优步工作比以前的挑战更多、更"刺激"。

2014年，优步进入中国。柳甄说，那是优步的拓荒时期，除了北京、上海没有人知道优步是什么。那时候，他们要告诉司机优步是一家什么公司，并说服司机加入和使用优步。"当时，一个运营经理每天要背着几十斤的书包，给司机发手机，教他们使用打车软件，一周7天，从未间断。就这样，平台上的量一点点积累起来。"

2015年柳甄上任时，同样也面临着一堆"没想到"的挑战。首先是缺人。当时，每个城市的团队只有3个人，一个城市总经理，一个负责司机端上线的运营经理，还有一个负责乘客端上线的市场经理。整个中国团队不过100多人，负责公关的一个人，负责政府关系的一个人，而法务方面一个都没有。上任第二周，柳甄就被成都政府约谈了。她一个人飞到成都，从一个律师成了被约谈的对象。

对于一个带有颠覆性的创业公司，柳甄要面对的还有政策层面的困境，比如平台的司机被执法、交通部专车新规禁止私家车接入平台，等等。柳甄说："有人也为我们打抱不平，但我看待这些问题会更理性一些。其实，法律政策也是随着交易和经济行为在变化的。原来没有政策，就好比我们没有衣服，是隐形人。现在交通部给了我们一块布，承认我们的存在，这本身是一件好事。而我们要做的是怎么把这块布用好，根据各地的情况，量身定做出更合适的衣服。穿衣服的过程就是落地和实施的过程。"

几个月后，柳甄交出了一份不错的成绩单。优步的市场占有量由 2015 年年初的 2% 上升到现在的 35%，业务也从当初的上海扩展到 21 个城市，仅仅成都一地 5 个月的订单量就是旧金山同期的 701 倍。

团队必须有呛水的能力

在谈到自己的成长经历时，柳甄说得最多的是爷爷柳谷书。柳谷书是我国知识产权事业的创始人、最早的知识产权律师之一。柳甄说："爷爷在 60 岁时，白手起家，办律所、公司，他的创业精神，对我们的父辈和同辈都影响很大。所以，我们家有 1/3 做了律师，有 1/3 在做投资，还有 1/3 的人加入了创业企业。"柳甄学法律自然是受爷爷的影响。

柳甄说，她适应能力很强，这可能是从小"放养"的结果。小时候因为父母工作忙，她一直上寄宿学校，只有周六才能回家。甚至有段时间，她还被父母扔在北京的郊区，去"体验生活"，但"那段日子现在想起来非常快乐"。1999 年，她 17 岁，刚上高中。当时学校有个交流项目，可以去美国做一年交换生。柳甄就拉着行李箱去了美国，住进了一个美国人家。在那里，她遇到过挫折，也跟寄宿家庭的"家长"吵过嘴，但这些很快都能过去。现在，柳甄和那家人还保持着联系，关系很好。柳甄说，那段经历对她后来的工作和生活影响不小，"现在就是把我扔到非洲，我也能活下来"。

这种"放养"的思维，也被柳甄运用到了管理中。柳甄说，优步的公司架构是扁平化的，没有那么多从上而下的制度和各种头衔的高管，她的主要职责就是怎样构建一个足够强大的团队来支持每个城市的运营。"不管你在公司是什么角色，都能挽起袖子干活。但不是我交代什么，你干什么，而是我给你一个平台，你需要什么，我来支持你。我允许团队的成员犯错，但要从中学习和纠正，以后不犯同样的错误。"柳甄说，最快学会"游泳"的方法，不是办个培训班，一二三四来培训，而是保证你有基本技能的情况下，把你扔到水里，只有呛了水，才能学得更好，记忆也最深刻，"我的团队必须要有学习和呛水的能力"。

这样的训练，让柳甄在实际工作中看到了成效。前不久，优步的多地微信公号因"涉嫌违反相关法律法规和政策"被封杀。这对于擅长线上营销的优步来说无疑是一件非常棘手的事。那天晚上，刚好是柳甄的生日，她早早就关了手机，和家人一起庆祝。等第二天打开手机时，才知道出了事。最让她感动的是，各地的团队早已行动起来，想办法解决问题，比如在线上建立替代的社区、网站等，同时还利用此事件加强营销，推出了一系列回馈活动。结果，危机变成了营销的好机会，不但没影响与粉丝的互动，还带来了流量的增长。

坚持自己的评判体系

互联网充沛的资本，让专车领域的厮杀从未停止过。滴滴和快的合并后，优步想在市场上继续开疆扩土，似乎更加艰难。面对这些竞争对手，柳甄反而更清楚自己的定位。她说，优步在本质上和滴滴是不同的，每个公司都有自己的DNA，这是由创始人决定的。卡兰尼克以前是个工程师，他对产品的痴迷程度就像苹果的乔布斯。所以，优步现在就是做好三点：

第一，从客户来说，怎么能更便宜、快速地打到车，靠补贴是难以维持的；第二，怎么能让司机在优步的平台上多挣钱；第三，怎么让打车这件事更安全。优步在全球有 2000 多名工程师，就是致力于怎样用创新和科技让人们的出行更加安全。"我们不久会在亚洲推出一个'安全网'的功能，乘客坐上优步的车，一键就可以把司机的信息和出行路线跟他的紧急联络人分享。"柳甄说。

对于同行业的竞争，柳甄觉得这是一件好事。"在我加入优步的时候，就希望人们有更多的选择。比如你喜欢用滴滴，也有人觉得神州专车更好。对于消费者而言，有更多选择总是好的；对一个公司而言，通过竞争能不断把产品做得更好，也是一件非常有意义的事。"

柳甄知道优步的强项，所以不符合这个评判体系的东西坚决不碰。比如，优步一直都不做预约车。因为在优步的产品理念里，预约是一件没有效率的事。"效率是和价值相连的。以前我们司机接单后到达时间为 7 分钟，现在已经下降到 2 分钟，这意味着司机的空驶率降低了近 70%，司机在平台上有效开车时间、赚钱的时间也将大大提高，随之订单数会增加，这样在不补贴的情况下也能保证司机的收入。"

现在，柳甄上下班都打优步，不开车也节省了能源。柳甄说，其实我们对车的利用率很低。在广州一辆车的平均使用率只有 5%，如果这辆车能充分被使用，可以同时满足 20 个人的出行需求。共享经济除了让闲置的资源实现共享，还带来了传统就业模式的变化。柳甄说："我是一个母亲，比较关注女性。我认识的一个优步司机，是一个单亲妈妈。2015 年，她女儿考大学，婆婆病重，她辞职做了优步的车主。现在她打开 APP 可以工作，关上 APP 可以陪伴家人，她特别感谢优步陪伴她度过的一段艰难时光。"

在这些故事的激励下，柳甄继续前行。接下来，她最想做两件事：一是优步企业版，对于那些公务出行人员，直接有一个对接的端口，免去报销等各方面的环节；二是进一步打开商户的 API 端口（应用程序接口），比如在星巴克喝咖啡也可以叫优步，把人们的衣食住行互动起来，形成一个开放的生态圈。

（撰文：刘雅婷）

马云从政要朋友圈里"淘宝"

许多人都记得马云和奥巴马在 2015 年 11 月 APEC 峰会上的一次公开"刷脸",当时两人同时亮相电视秀,畅谈环保、气候变化等问题,给公众留下深刻印象。有评论家调侃称,马云和奥巴马都是"刷脸高手"。2016 年 5 月 17 日,马云又和奥巴马在白宫进行了一次闭门会面。尽管这次两人没有"刷脸",却仍然引来了外界的高度关注。

自 2014 年 9 月 19 日阿里巴巴集团(以下简称阿里)在纽交所上市后,马云就开启了自己的"国际政要朋友圈",以一名成功企业家的身份频繁与政坛大人物见面、交往,通过媒体发布各种合影。这些"刷脸"照片背后包含着深远的商业意图,以至于流传着一种说法:如果政要们无视马云,"可能就意味着怠慢了这个时代"。

"刷脸"提升企业存在感

马云在国际上的密集"刷脸"始于阿里上市。一方面，这是企业"冲出亚洲、走向世界"的转折点，马云和他的"淘宝王国"需要更多的国际朋友助力；另一方面，这也是全球政商界人士对马云和阿里刮目相看的转折点，无数国际名流正是从这一刻开始，认识到自己有必要和马云"朋友圈互相关注"。

阿里在纽约上市 4 天后，马云就通过媒体发布了他和美国前总统克林顿的"刷脸"照片——那天他参加了克林顿举办的"全球倡议年会"。那次"互刷"对双方而言都具有深远意义：克林顿为了给自己的基金会和女儿切尔西"长脸"，在活动上盛赞阿里，称"马云有很大的机会改变现实，使中国变得更好"；马云则通过那次亮相，在北美主流社会奠定了自己的"强大存在感"。此外，他和克林顿的互动也有助于提升自己和企业的"档次"。可以说，双方心照不宣，在"刷脸"中实现了双赢。

为了扩大朋友圈，马云近年来频繁参加国际会议。在 2016 年初的达沃斯峰会上，许多参会者拍到了他和加拿大新任总理特鲁多亲热"刷脸"的镜头。两人在环保、慈善、减排等许多问题上都有"结合点"，特鲁多借助马云在中国"混脸熟"，马云则面向特鲁多庞大的"女粉丝"群体打淘宝的知名度，可谓互惠互利。

如今麻烦缠身的德国总理默克尔 2015 年 3 月时还是踌躇满志的"德国第一人"。在当时的汉诺威消费电子、信息和通讯博览会上，马云和默克尔见了面，当场展示了淘宝"刷脸购物"的新技术——马云买了一张价值 20 欧元的旧邮票送给默克尔。这次实实在在的"真刷脸"，意在当众展示淘宝的技术和实力。

2015 年 6 月，在第十九届圣彼得堡国际经济论坛上，马云又出现了，并与俄罗斯总统普京"互刷"。彼时正逢阿里的"全球速卖通"在俄罗斯开疆拓土却遭遇瓶颈之际，及时"刷脸"的意义可想而知。

不难看出，马云在国际上"刷脸"有自己的套路：借助各种高端平台与知名政要们"互关"，然后通过各种方法加强沟通，增进彼此间的了解和信任，最终实现从"一般朋友"到"亲密朋友"的突破。

对于马云与国际政要一同"刷脸"的爱好，《环球人物》记者采访了上海交通大学上海高级金融学院副院长朱宁。在他看来，这是马云海外战略的一部分。"相对于 BAT 其他企业，阿里更适合海外合作。腾讯和百度最重要的业务都在华人世界，最主要的服务人群在国内。而阿里的主要业务可以扩展到全球。所以从业务来讲，与国际政要的接触对马云的帮助和驱动力肯定更大一些。外国政要希望通过马云打开一个了解中国的窗口，马云则希望提高阿里在海外市场的知名度。"

"务实"做生意

如果说马云和克林顿、特鲁多等人是在"务虚"，那么他和英国前首相卡梅伦就是在"务实"了。2015 年 10 月 19 日，马云来到伦敦，成为唐宁街 10 号首相府的座上宾。在交谈中，卡梅伦正式邀请马云担任英国政府商业咨询小组成员，换句话说，马云从此担任了卡梅伦的商业咨询顾问。

近年来，英国的创意产业异军突起，在发展中小型企业方面也有独到之处。马云让阿里从中小企业成长为中国最成功的电商平台，用英国首相府发言人的话说，是他拥有"真正的从商经验、真正了解中国市场"。英国政府希望他帮助英国中小企业打开中国及远东市场，获得更多商机。

对马云而言，卡梅伦也是一位"贵人"。别的不说，仅在两人的会谈上，这位首相便找来了 120 多位英国企业家——这些当然是阿里梦寐以求的潜在客户。无怪乎马云当场放出豪言，称阿里的使命是"帮助全世界的中小企业"，"欧洲的中小企业可以借助互联网打开一个更大的世界，而阿里可以成为纽带和桥梁"。2015 年的"天猫双十一"全球狂欢节，多达 39 国的驻华使节光临杭州捧场，英国驻上海总领事就是其中一员。

"英国政府这样做有两个前提：一是中国的市场足够大，有足够多的需求；二是阿里的海淘业务，英国产品可以通过这个渠道，比较有效地进入中国市场。"朱宁分析说。但他认为，这个过程并不是一蹴而就的。"政府在推动，但英国中小企业是不是买账？他们的产品可以通过阿里卖，也可以通过亚马逊或其他平台卖。这需要消费习惯的适应和文化上的契合，目前还不是特别明朗。尽管双方都有这个意愿，但市场会不会出现大家期待的结果，还有待观察。"

加拿大前总理哈珀被公认为不苟言笑的政治家，但他和马云之间也曾大秀"朋友圈"。2014 年 11 月，当时还在任的哈珀进行了一次后来被称为"里程碑式"的访华之旅，加拿大对华经贸政策的"暖意"在访问后明显提升。那次访问有许多非同寻常之处，其中最引人瞩目的就是：第一站并非传统"首站"北上广，而是杭州。因为哈珀第一个要见的对话人就是马云。

之所以如此安排，是由于哈珀希望凸显自己访华的"经贸属性"，他一直对"阿里模式"十分欣赏，想和马云探讨如何发展加拿大小型企业的问题。马云当然高兴，"外国总理专程来会"给自己和企业增色不少，但更重要的是，他当时急于在北美地区推广"天猫"平台，哈珀的来访是个天赐良机。

马云曾经说过自己"不擅长法语"，但他却很擅长和法国政要"加朋友圈"。2014 年 10 月，法国外长法比尤斯专程赴杭州会晤马云，双方达成了"利用阿里电商平台互相帮助"的协议。法国十分重视中小企业的海外拓展，而马云希望借助法国这个"大码头"更好地登陆欧洲市场，双方一拍即合。在法比尤斯的牵线搭桥下，马云于 2015 年 3 月进入爱丽舍宫，和奥朗德总统进行了会谈。

有观察家指出，奔着跟马云谈生意而来的政要们，首先看中的是电子商务。中国在这方面无论是商业模式还是业务增长规模，在全球都处于领先地位。现在其他国家的领导人也都在寻找新的方式推动自己国家的经济增长，所以希望来取取经。此外，新兴国家的企业在全球的扩展除了带来服务还会创造大量就业机会，这也是为什么各国政要想要和阿里及许多中国新兴企业交往的原因。可以说，不光中国需要招商引资，其他国家也有这个需求。尤其是欧洲的经济复苏非常缓慢，所以对招商引资非常积极。

最终还是要靠硬实力

在专家们看来，马云的"刷脸"对个人形象、企业品牌都有很大的提升作用，这是国内竞争对手无法比拟的。朱宁说："马云的英语口语和演讲能力都非常好。在中国民营企业家中，他在海外的知名度和影响力都是最高的。尽管不少中国企业家也有留学背景，但术业有专攻，每个人的性格、专业都不一样。有些跟马云同级别的企业家性格内向、腼腆，显得过于低调。"

此外，阿里品牌对终端用户的渗透力是马云很看重的事。"百度在海外没业务，腾讯也不多，阿里却是有不少业务的，而且与社会大众有比较实际的接触。马云对自己形象的宣传也是对企业和中国文化的宣传。"一位专家如是说。

但是，成熟市场的进入门槛很高。"阿里目前的一些做事理念和价值观与成熟市场的企业还有一定差距，我认为它在成熟市场的发展还是有限的。"朱宁对记者表示。

业内分析认为，新兴国家的中产阶级年龄相对较轻，其消费习惯更适合互联网电商的商业模式。对整个行业来说，未来很可能是以新兴市场为主导。

马云的"刷脸"是否给其他中国企业家做了一个榜样？朱宁并不这样看。"各个企业不太一样。华为也开展了许多国际业务，但任正非就不像马云这么高调。或许他更想强调华为这个品牌而不是自己的魅力。虽然马云对公众的影响或者触动更大一些，但我不认为阿里是中国企业里国际化最早、最有影响力的。"

归根到底，马云与国际政要们的交往最后还是要凭借企业自身的硬实力，尤其是科技含量。从这个角度看，国外政府的推动作用是有局限性的。

（撰文：陈在田 / 尹洁 / 蔡爽）

"梦工厂"新东家的收购游戏

"熊猫找到靠山了！"正当迪士尼进军中国之际，《功夫熊猫》的出品方——著名动画公司梦工厂也有了新东家。4月28日，美国娱乐和有线电视业巨头康卡斯特公司宣布，将以38亿美元的价格收购梦工厂。

对于中国人来说，康卡斯特这个名字可能有点陌生，但一提"小黄人"则家喻户晓。康卡斯特就是"小黄人"出品方环球影业的后台老板。此外，它还是美国最大的有线电视公司、第二大互联网服务供应商、第四大电话业务供应商，可以说是一艘不折不扣的媒体航母。这艘巨舰的缔造者和现任掌舵者是一对父子——拉尔夫·罗伯茨和布莱恩·罗伯茨。

两周搞定梦工厂

5年前，当罗伯茨父子买下环球影业的母公司——NBC环球公司时，布莱恩已经接过父亲的班，负责公司的实际运营。但当时的他仍然将主要精力放在有线电视业务上。那时美国电视网、娱乐电视网都是广受好评的付费频道。但好景不长，到2013年左右，观众们逐渐对有线电视失去了兴趣，用户订阅数量不断下滑。布莱恩决定另寻出路。

由于有过"小黄人"的成功经验，布莱恩对于动画电影的未来十分看好，并把目光投向了充满创造力的梦工厂。他认为，动画这种形式无论是电影版还是电视剧版，都能更自由地在海外市场运作，也更容易被接受。而梦工厂制作过不少成功的动画大片，里面鲜活的形象风靡一时，如《功夫熊猫》里的阿宝，《马达加斯加》里的企鹅都很受观众喜爱。这些动画形象可以丰富环球主题乐园的内容，使其像迪士尼乐园一样受孩子们欢迎。

更重要的是，此次收购将打通康卡斯特的上下游产业链。正如一些业内人士所分析的，收购梦工厂后，康卡斯特不仅能充实旗下 NBC 环球的电影库（尤其是儿童和动画电影资源），还能为自身"北美第一"的有线电视网直接提供片源。

收购的过程也颇为戏剧化。据梦工厂现任 CEO 杰弗瑞·卡森伯格说，在布莱恩之前，一家中国企业已经有了收购计划，只是还没进行到实质阶段。当布莱恩听说"梦工厂即将被中国企业收购"后，立即给卡森伯格打电话求证。由于两人私交很好，卡森伯格表示，他的确正在和中国买家谈收购事项，但如果布莱恩有意向，他也很乐意同老朋友洽谈。布莱恩马上行动起来，短短两周后，双方就达成了收购协议。

"这笔收购的确很迅速，因为我已经对这件事情考虑很久了。"布莱恩事后这样解释。

在外界眼中，布莱恩最擅长的就是并购。近年来，康卡斯特的扩张速度十分惊人：2013 年，已经拥有 NBC 环球 51% 股份的康卡斯特，又以 167

亿美元的价格将剩下的 49% 购入，使之成为自己的全资子公司；不久后，布莱恩通过一系列的金融运作，将洛克菲勒中心 30 号等美国"经济地标"收入囊中；2014 年 2 月，他又试图通过现金加股权置换的手段，将时代华纳收归旗下，只是碍于美国证监会的"反垄断"劝阻，才暂时搁置了计划。

从最早收购 AT&T（美国电话电报公司），到如今大手笔买下梦工厂，布莱恩在一步步实现自己的野心。他曾说，自己并不满足于拥有全美最大的有线电视公司，他的最终梦想是把康卡斯特打造成一个娱乐帝国——不仅拥有有线电视网络、互联网服务，还有电视台和电视制作公司，甚至好莱坞的电影厂。有媒体评论说，按照这样的势头发展下去，康卡斯特将会成为世界首屈一指的传媒寡头，而布莱恩很可能将是第二个默多克。如果这些预言真的能够实现，他最感谢的人一定是自己的父亲。

从小打小闹到雄起一方

布莱恩的父亲、康卡斯特创始人拉尔夫 1920 年出生于纽约，17 岁时移居费城。或许是犹太人的商业基因使然，他从学生时期就开始做生意。

上高中时，拉尔夫发现校车上没有发车时间表，于是联系了当地一家印刷厂专门设计制作，然后把时间表的背面卖给几家公司用来做广告。考入宾夕法尼亚大学沃顿商学院后，拉尔夫又开始挨家挨户推销牛奶。凭借耐心和口才，他拜访过的家庭中有八成都成了他的客户。

大学毕业后，拉尔夫应征入伍成了一名海军，直到二战结束才再次回到生意场上。他从高尔夫球杆推销员起家，在广告公司、音乐制作公司任过职，最后买下了一家男士皮带生产商。20 世纪 60 年代，松紧裤的盛行让皮带行业变得不景气，拉尔夫果断卖掉了公司，转向正在兴起的闭路电视和有线电视产业。1963年，他与两位朋友一起凑了50万美元，收购了密西西比州一家仅有1200个固定用户的有线电视运营商ACS（美国有线电视系统公司），自己出任CEO。

此后几年间，ACS不断参与有线电视网的投标，其业务覆盖范围很快冲出密西西比，扩张到相邻的宾夕法尼亚。由于宾州市场发展前景更广阔，拉尔夫决定"迁都"，把公司总部搬到了费城。同时，他觉得ACS这个名字没什么特色，于是别出心裁地将"通讯（communication）"和"广播（broadcast）"这两个词相结合，组成了"康卡斯特（Comcast）"这个新名字。

有线电视业务的成功，让拉尔夫把目光投向了更广阔的上游产业——影视制作，为有线电视提供节目资源，此外还有一个平行产业——有线电话通信业务。但这些产业都是大资本、大公司的乐园，对当时的康卡斯特来说显得力不从心。为了扩张版图，野心勃勃的拉尔夫说服了其他股东，使康卡斯特于1972年在纳斯达克上市，借助股市进行融资。

然而，当时的美国影视产业巨头林立，有线电话产业则几乎被历史悠久的庞然大物AT&T完全垄断，无从下嘴的康卡斯特只能一面夯实有线电视业务根基，一面不动声色地等待时机。十几年的时间一晃就过去了。

在此期间，拉尔夫开始着意栽培自己的接班人。他共有5名子女，虽然从感情上更喜欢长子小拉尔夫·罗伯茨，但作为一名理性的企业家，拉尔夫深知康卡斯特需要的是一位有远大抱负和强力手段的领袖人物，在这些方面，最有潜力的是他的次子布莱恩·罗伯茨。

布莱恩·罗伯茨（左）和父亲拉尔夫·罗伯茨

父子联手打造媒体巨头

1959 年出生的布莱恩从小就显示出过人的商业天赋。每当拉尔夫在家里谈生意时，布莱恩总会静静地坐在一个角落旁听，事后就迫不及待地向父亲提出一连串问题。这种热忱让拉尔夫看到了公司未来的希望。

布莱恩也毕业于父亲的母校——宾夕法尼亚大学沃顿商学院，但成绩更为优异。毕业后的布莱恩进入康卡斯特，成为父亲的左膀右臂。在对儿子进行了一系列的锻炼和考察后，拉尔夫决定逐步将公司交给布莱恩管理。1990 年，拉尔夫宣布，康卡斯特的日常业务由布莱恩主持，自己"退居二线"，但仍保留 CEO 职位。

"上位"后的布莱恩表现出与父辈不一样的思路。他力主开拓刚崭露头角的互联网业务，康卡斯特迅速在这个新兴市场中成为主角之一。数年后，第一次互联网高潮到来，公司赚得盆满钵满。然而好景不长，没过多久 IT 泡沫破灭，康卡斯特又不得不进行"瘦身"。布莱恩一度饱受质疑，但坚信儿子实力的拉尔夫不为所动，对 IT 业务继续"咬定青山不放松"，父子俩都认定，家庭互联网的时代很快就会到来。

正所谓有心栽花花不发，无心插柳柳成荫。互联网的第二个春天尚未到来，罗伯茨父子却先迎来了有线电话业务的入市契机。2002 年，称霸多年的 AT&T 被美国法院裁定垄断，被强制分拆，有线电话市场一家独大的局面被彻底打破，这对康卡斯特米说无疑是一个天赐良机。父子俩当机立断，斥资 475 亿美元收购了 AT&T 的有线电视业务，并加大在有线电话领域的投入。通过这次豪赌，康卡斯特原本毫无存在感的有线电话业务具备了市场竞争力，而其传统业务有线电视网则一下平添了 38 个州、近 2100 万客户，一举奠定了业内第一的地位。

尝到收购的甜头后，布莱恩一发不可收拾。2004 年，在他的力主下，康卡斯特牵头筹资 660 亿美元，计划收购迪士尼公司，结果遭到迪士尼大股东的强烈抵制，最终不得不放弃。两年后，美国有线电视运营商 Adelphia 由于经营失误进入破产保护程序，布莱恩看准时机出手，一举将其收入囊中。

2009 年，被称为"蛇吞象"的 NBC 环球并购战打响。罗伯茨父子通过一系列令人眼花缭乱的操作，以 137.5 亿美元（其中实打实的现金仅 65

亿美元）的价格，成功收购 NBC 环球 51% 的股权，成为这家著名媒体集团的最大股东，初步实现了拉尔夫几十年前就提出的"打通上下游产业链"的蓝图。

心愿已偿的拉尔夫在 2011 年决定退休，至此他已担任康卡斯特 CEO 达 46 年之久。他将职位交给布莱恩，自己改任名誉主席。退休后的拉尔夫仍时不时出现在公众视野内，总是雪白的头发、笔挺的西装和慈祥的笑容。2015 年 6 月 18 日，他在费城的家中无疾而终，享年 95 岁。罗伯茨家族在讣告中写道："他是一位称职的丈夫、父亲和祖父，或许最重要的是，他是一个和蔼而谦卑的人。"

现在，康卡斯特已经彻底进入了小罗伯茨时代。在父亲打下的坚实基础上，布莱恩正在最大限度地开疆拓土，并收获了丰硕成果。对于这位现任掌门来说，收购和扩张的步伐不会停止，这将为他掌舵的媒体巨舰提供一片广阔的海面。

（撰文：陈在田 / 冯蕾）

任天堂"卖情怀"，玩家都买账

仿佛一夜之间，手机游戏"精灵宝可梦GO（Pokémon GO）"火遍全球，就连美国总统候选人希拉里都要在"精灵训练师对战场馆"举办一场竞选活动，可见这款游戏有多么吸引人。

这款通过日本任天堂公司的人气IP（知识产权）——"精灵宝可梦"开发的手机游戏，借助AR（增强现实）和GPS定位技术，实现了虚拟与现实的结合。玩家们纷纷拿起手机，走上街头，去捕捉属于自己的"小精灵"。数据显示，游戏上线仅两天就覆盖了美国5.16%的安卓设备，并一直占据苹果和安卓应用下载排行榜榜首，日活跃用户直逼推特。游戏的火爆也使任天堂公司股价在两星期内大涨逾127%，市值增加约200亿美元，还一度触发了日本的熔断机制。

"精灵宝可梦"的强大号召力，显示了任天堂仍拥有着一些世界上最具价值的角色IP，而这IP的缔造者之一、任天堂前任社长岩田聪已于

2015年7月去世。岩田聪离世时,任天堂尚处在连年亏损的经营困境中。一年后,现任社长君岛达己正努力使岩田聪的愿望——"做出所有玩家都会喜欢的手游"成为现实。

"天才程序员"

在几代玩家心中,岩田不只是一个游戏公司的社长,更是一个天才设计师。

岩田出生在北海道札幌市一个官员家庭,是个典型的"官二代"。高中时期,当同学们还在用计算器解题时,他已用计算器编写了自己第一部游戏作品——一款没有图像只有数字的棒球游戏。"我的朋友们很喜欢这款游戏,这激发了我对游戏的热情。"岩田进入东京工业大学后,想学习视频游戏编程,但无奈没有相关授课。于是他选修了一些工程及与电脑相关的课,课余他喜欢去当时东京唯一一家销售个人电脑的店铺里玩,并结识了许多电脑爱好者。不久,几个志趣相投的伙伴在秋叶原租了一间公寓开发游戏,后来干脆组成了一家公司——"HAL研究所"。"HAL"取自电影《2001太空漫游》,蕴含着"每个字母都领先IBM一步"之意。岩田大学毕业后,拒绝了父亲安排的仕途,不顾家人的强烈反对,继续留在了HAL研究所。

20世纪80年代初,任天堂的"红白机"诞生,其出色的画面表现力让岩田觉得行业革新将要来临。"我们意识到HAL历史上最重要的时刻就要到了"。他想尽办法和任天堂公司联系,把HAL的创意提供给他们。当时,任天堂没有强大的开发团队,很快接纳了作为第三方开发商的HAL。其间,岩田编写了经典的"气球大战",其精湛的编程技术很受任天堂赏识。"红白机"独占了当时的家用游戏机市场，也奠定了任天堂在游戏界的领袖地位。

1992 年，HAL 因投资失败和销售不力，产生了巨额亏损。时逢日本经济泡沫破灭，随之而来的经济萧条使 HAL 几乎到了破产边缘。这时，任天堂出手注资相救，时任社长的山内溥开出的唯一条件，就是让岩田担任 HAL 的社长。成为社长后的岩田在管理公司之余，还参与了多款游戏研发工作，包括 HAL 史上销量最高的"星之卡比"、大名鼎鼎的"任天堂全明星大乱斗"以及"精灵宝可梦"系列。在岩田的带领下，HAL 在 6 年中从负债 15 亿日元变为盈利。

岩田接受山内的邀请，于 2000 年正式加入任天堂，担任经营企划部部长。两年后，山内做出了一个让所有人都惊讶不已的决定：希望岩田聪来担任公司第四任社长。要知道，任天堂此前一直是山内的家族企业。对于这个决定，山内后来解释："之所以选择岩田聪，正是看中了他的学识及他对任天堂软硬件的充分理解。"这一年，岩田 41 岁。

成就"黄金时代"

岩田接任社长之时，Gameboy 系列掌机服役太久，任天堂 64、任天堂 Game Cube 等主机销量不佳。而索尼的 PS2、微软的 Xbox 在全球大受欢迎，使任天堂在游戏界的霸主地位受到挑战。

面对来势汹汹的竞争对手，岩田选择以任天堂的传统强项掌机作为战略突破点。他认为，应该彻底摒弃以画面为主的发展思路，用一种新的游戏体验给玩家惊喜，同时缩短游戏开发的周期与制作成本。

2004 年 11 月，任天堂 DS（双屏）掌机正式发售，不仅为服役 15 年的 Gameboy 系列画上句号，更开启了 DS 时代。凭借触摸屏、双显示屏等特色，

DS 打破了人们对掌机的固有认识，简化了用户界面，拉近了游戏和普通人之间的距离，很快俘获了全球玩家的心。DS 最终实现了 1.5 亿台的超高销量，成为任天堂史上最卖座的掌机。

同年 12 月，岩田提出"扩大游戏人口"战略，他认为游戏的核心在简单的构思和真正有趣的创意，轻度休闲的游戏更能吸引不常玩游戏的人加入。在这种理念下，任天堂开发了 Wii 系列游戏。这款主机迅速凭借革命性的体感特性风靡全球。2007 年，英国女王伊丽莎白二世的圣诞首场娱乐节目就是玩 Wii；奥巴马一家入住白宫时随带物品就有 Wii；在美国，拥有 Wii 的家庭数量甚至超过了养猫的家庭……Wii 最终销量突破了 1 亿台，造就了任天堂的极大辉煌。

2002 年至 2008 年是岩田的黄金时代。任天堂的净销售额从 5548 亿日元增长到 1.67 万亿日元。营业收入也从 1191 亿日元扩大到 4872 亿日元。2008 年，任天堂的现金储备超过 1 万亿日元，成为日本现金储备最大的企业。这一年，岩田也被评为全球三十名最佳 CEO 之一，被赞誉为能与松下幸之助媲美的商业大师。

岩田曾说："在名片上，我是一个公司总裁；在我自己看来，我是一名游戏开发者；而在内心深处，我是一名玩家。"正是这种"玩家之心"，才让任天堂开发的游戏老少咸宜，把玩家从游戏迷扩展到平常不玩游戏的人，把游戏的欢乐带到寻常百姓家。

进军手游市场

随着智能手机爆炸性普及，手机游戏迅速抢占了休闲游戏市场份额，但岩田认为手机游戏会剥夺传统游戏的乐趣，所以坚决抵制手游。"如果我们做手游，任天堂就不再是任天堂了。"由于明星产品任天堂 DS 和 Wii 逐步被淘汰，后来生产的任天堂 3DS 和 Wii U 未能延续昔日辉煌，任天堂在 2011 年后出现了 30 年未有的连续亏损。

与此同时，岩田的健康状况急剧恶化。2014 年 6 月，他因胆管肿瘤接受手术。术后的岩田做了重要转变，即在公司的一贯定位和潮流之间选择了进军手游，并利用深入人心的 IP 重夺用户。在宣布做手游后，岩田表示："我们或许可以开创一种任天堂式收费模式，无论这种模式如何存在，有一点不会改变，那就是玩家比赚钱更重要。"

此后，岩田积极拉拢 SEGA、CAPCOM 等知名厂商，包括制作"精灵宝可梦 GO"的 Niantic 等新兴厂商，来为任天堂创造优质游戏。2014 年，任天堂推出创意联动玩具 Amiibo，宣布与手游公司 DeNA 合作开发手机 APP，并透露了新一代主机 NX 的计划。

但不久，岩田的病情再度恶化，并于 2015 年 7 月 11 日病逝，永远地离开了他所热爱的游戏事业。

其实，"精灵宝可梦 GO"来自 2013 年岩田与朋友的一个构想，但不论之后任天堂如何因疲软的表现饱受外界批评，还是在岩田生命倒计时的日子里，为了玩家能有更好的游戏体验，他始终没有在条件未成熟时将这一游戏草率推出。2016 年 7 月，"精灵宝可梦 GO"让全世界玩家为之疯狂，可惜这一切，岩田已经看不到了。

临危受命的接班人

岩田的离世给任天堂和玩家们来了个措手不及。2015 年 9 月，任天堂召开临时董事会，任命君岛达己为新社长。为什么不是"马里奥"之父宫本茂，也不是"硬件三杰"之一的竹田玄洋，而是出身银行业的君岛达己？外界对于这个任命充满了疑问。

举止言谈温和、性格爽朗的君岛，在游戏开发方面可以说是个门外汉，连打游戏也总是输给孙子。但当初在 Wii U 开始销售时，他却能做出"Wii U 和 Wii 太相似会失败"的尖锐断言；当岩田抵制手游、专注主机游戏时，君岛就表示更看好手游市场……在岩田执着于"游戏应该创造快乐"的时候，君岛更清楚游戏市场的走向。

"从本社放眼全世界展开新事业是我的职能。"上任后，君岛继承了岩田的"遗志"，促成了 NX 主机和手游制作，努力改善了公司的经营状况。在商业开发方面，君岛提出"设立企划制作本部与商业开发本部两大部门，企划制作本部负责制作游戏软件，而商业开发本部负责活用角色 IP，比如与主题乐园进行合作等"。

"精灵宝可梦 GO"就是任天堂抓住了手游与 AR 技术结合所切中的市场需求。业内人士认为，"精灵宝可梦 GO"的火爆，使任天堂在游戏广告和授权的收入大幅增长，并将推动这家公司从传统的游戏硬件制造商向游戏 IP 和软件提供商转型。

现在看来，身为商人的君岛对任天堂来说确实是更好的选择。岩田聪"简单、好玩"的游戏理念加上君岛达己的商业嗅觉，也许任天堂将迎来下一个辉煌。

（撰文：赵婧夷 / 贾文婷）

童之磊的"文学 IP"产业链

人物简介：童之磊，中文在线数字出版集团董事长兼总裁。1975 年生于云南，1998 年获清华大学学士，2000 年获国际工商管理硕士。2000 年创立中文在线。2014 年当选达沃斯"全球青年领袖"。

在中文在线集团的会议室里，身材高大的童之磊以白衬衫、黑西裤的商务形象出现在《环球人物》记者面前，面带微笑，握手简短而有力。之前记者就听说，童之磊比大多数互联网企业家擅长表达和沟通，用下属的话说，"是个随和的老板"。

在清华读本科时，童之磊的专业是汽车工程，但他内心偏爱的其实是文学。面对《环球人物》记者，他回忆起少年时代时仍带着一丝骄傲："那时我作文经常拿满分的。"这种感情是他创立中文在线的缘由之一，也支撑他一次次挺过市场的狂风巨浪。公司从创建到上市用了 15 年时间，但对中国数字出版业来说，现在或许仅仅是百舸争流的开始。

"文学+"的商业构想

作为集团董事长兼总裁的童之磊，最近说得最多的一个词是"文学+"。8 月 8 日，中文在线完成了 2015 年上市以来最大规模的一次融资，总额约 20 亿元人民币。其中一半资金将用于打造基于文学作品的泛娱乐产业，包括影视、游戏、动漫，其核心正是当下最火的商业概念——"IP"（知识产权）。

"当提到文学大家就想到一本书时，那是'文学 1.0'时代。2000 年后，基于互联网的电子书出现了，我称之为'文学 2.0'时代。未来将是'文学 3.0'也就是'文学+'时代。"童之磊说。那个加号意味着衍生，文学作品将如一棵树的根部，不断生长出新的枝叶，最终形成一个庞大的商业价值体系。

中文在线旗下的创作平台 17K 小说网，是国内领先的原创网络文学网站。"17K"的谐音就是"一起看"。网络的"无门槛化"让每个人都有机会一试身手，现在与"17K"签约的作者已经达到 60 万人。在浩如烟海的作品中，不乏《后宫·甄嬛传》和《何以笙箫默》这类颇具影响力的作品，其带来的商业价值完全颠覆了传统观念。

"纸质出版时代，文学的门槛是很高的。一部作品能否被大众看到，一位作家能否出名，是需要编辑和出版社投入大量的精力，花费很长时间才能完成的。很多长篇小说要花几年时间才能问世。互联网则把出版成本降到最低，好作品在短时间内就能获得爆发式的传播，电影、电视随后跟上，这就是全媒体时代的文学 IP 产业链。"童之磊对《环球人物》记者说。

中文在线近期主推了一部超现实都市悬疑小说《超自然大英雄》，上线两个月点击量超过 1600 万，随即被童之磊纳入"文学＋"的规划中。开发计划是全方位的，合作方是国内一家知名影视公司，以小说为基础的电视剧、动漫、玩具等产品同时打造。

"作者一边写，我们一边开发和推广。读者放下书，就能去看小说改编的电影。在这个生态圈中，营销的目的是建立内容与读者之间的关系。换句话说，内容本身就是营销。"

"每次都是千钧一发"

童之磊 2016 年 41 岁。17 年前，还在读研的他和几个同学一起创建了一个大学生门户网站。他们带着这个项目的商业计划书参加了第一届中国大学生创业大赛，拿了冠军。一年后，童之磊把网站的读书频道单拿出来，在宿舍里创立了中文在线公司。他坚信未来是数字出版的时代，而商业模式就是读者为数字内容付费。这是中国第一家数字出版公司。当时是 2000 年，第一代互联网崛起得如火如荼。

因创业大赛一战成名，童之磊踌躇满志。但正当中文在线成立时，纳斯达克崩盘了，之前蜂拥而至的投资人全都捂紧了钱包。"上市企业变成垃圾股，我们连垃圾都不如，整个风险投资行业都停摆了。"在弹尽粮绝的情况下，童之磊先拿奖学金填，接着跟人借，最后借也借不到了。一段时间里，他不得不选择在外打工做咨询项目，用赚来的钱养公司。

"那些项目是不稳定的。做一个要花几个月时间，赚几万块钱，填到公司里马上就没了。"童之磊回忆，自己不知道有多少次"九死一生"的时刻。每到发工资的日子他就抓狂，想各种办法凑钱，"每次都是千钧一发"。最艰难的时候，公司算上他一共只有 3 个人。父母劝他找份稳定工作，童之磊拿出 "宁死不屈" 的劲头："我认为自己做的是非常有意义的，也是我真正喜欢的事。"

然而靠打工维持毕竟不是长久之计。2001 年，香港泰德集团董事长陈平看上童之磊的能力，提出 "连人带网站一起收购"，童之磊接受了。他希望这是中文在线转折的契机，但事实并不如他所愿。

"每一次提交中文在线的发展计划书总被否定。我当时是集团的执行总裁，物质条件很好，但过得并不开心。" 2004 年，童之磊看到互联网产业再次蓬勃发展，再也坐不住了。他找朋友借钱回购中文在线，开始了第二次创业。11 年后，他与时任清华大学校长的陈吉宁在深圳一起敲响了中文在线的上市钟。

"现在我所做的一切都是把个人爱好与事业相结合，我觉得这是一种极大的幸福。" 童之磊笑着对《环球人物》记者说，他的眼睛眯成一条线，显得心满意足。

成功和爱情最受欢迎

直到现在，童之磊都记得第一次去见从维熙的情景。"当时我是学生，没什么钱，于是就买了一个大西瓜，抱着去了。"

从维熙是国内第一个与中文在线签约、授权网站发表自己作品的作家。随后，巴金、莫言、余华等名家也相继签约。"2000 年的时候，谁也不知道莫言会得诺贝尔奖，更没有人想到网络文学作者能有今天这么大的影响力和商业价值。" 童之磊说。近年来，随着市场经济的深入发展，文化产业逐渐成为新的价值洼地，大量年轻人尝试在这片蓝海中寻找自己的财富之门。中文在线也专门打造了这样的平台。

从安妮宝贝到郭敬明，他们的成功让许多年轻人有了作家梦。但大多数人并不知道的是，作文写得好与成为作家还有很长一段距离。中文在线为此设立了一个"网文大学"，免费教授文学写作，这也为"17K"培养了大量作者。

"我们希望和作者、出版社实现共赢。"童之磊说，"一部作品除了艺术性外，市场性也是很重要的，简单来说就是既叫好又叫座。"在对签约作者的分级上，中文在线有一个评判体系，除了请专业人士参与，还充分发挥了互联网公司的优势——大数据平台。网站管理者可以看到每部作品发表后的数据表现和即时变化，从而精准发掘优秀作品。

网络时代的读者偏好是多样化的，但大数据说明，在所有文学类型中，有两个主题最受消费群体欢迎。"一个是不断地成功和自我实现，也就是关于'成就'的主题。正如过去的武侠小说中，一个手无缚鸡之力的人后来成了绝世高手。当下最火的玄幻小说也是一样，只不过是从一拳打倒一棵树，变成一拳打爆一个星球。"童之磊笑道。另外一个主题就是爱情，颇受影视圈欢迎的穿越小说，本质上也是言情小说的一种变体。

面对新文学形式的商业爆炸，一些传统出版人不以为然，认为玄幻也好，穿越也好，都难以经受时间的检验。对于这种观点，童之磊也不以为然。

"文学创作一定是不断发展的。《红楼梦》在清代也是不登大雅之堂的禁书，金庸的武侠小说也曾被很多人看成地摊文学。如果按照古代的标准，四大名著在当时都不能叫正统文学，新文化运动以来的所有作品更不能算了。"在他看来，像《后宫·甄嬛传》这样的网络文学作品，其商业价值中就包含着读者对其艺术价值的认可。

文学也会加入爆发的队伍

相比于纸质书籍动辄几十、上百元一本的价格，网络作品每千字的收费低至几分钱，阅读成本几乎降为零。对于新一代的消费者来说，网络阅读的付费习惯正在逐渐形成，而且已经延伸到文化产业的方方面面。"过去看网络视频很少有人愿意付费，现在随着技术的提高，消费观念也在变化，因为付费视频的画质更好、广告更少。我相信未来会有越来越多的人为文学付费，因为我们提供的内容更好、更新、更快。"童之磊说。

与此相应的，是中国知识产权环境的改善。2012年末，中文在线打赢了与苹果公司的侵权案。法院判决后者停止侵害中文在线的版权，涉及《家》《春》《秋》《康熙大帝》等多部作品，并赔偿经济损失。

"我们和苹果公司打了4年官司。当时苹果的平台上有大量作品未经我们授权。为了打赢官司，他们想了各种办法，请了很好的律师，但最后还是我们胜诉了。"童之磊认为，这说明中国知识产权保护的改善，相关立法体系正逐渐和世界接轨。

法律法规的健全是市场经济成熟的前提。过去几年，中国文化产业出现了大爆发，最具代表性的行业是中国电影，票房连创新高。童之磊相信，接下来文学也会加入爆发式发展的队伍，其背后依托的则是中国经济和大众收入的提高。中文在线的财务数据也验证了这一点。其2016年上半年的财报显示，公司营收2.27亿元，同比上涨75.23%；净利润783万元，同比上涨12.46%。

回顾过去16年的创业路，童之磊觉得自己的人生在一定程度上是反生命周期的。"我20多岁创业时，和我打交道的都是四五十岁或者年纪更大的人，你必须显得成熟才会受到重视。现在我已经40多岁，反而要有一点儿童的心态才能更好地与年轻人合作。"身处互联网行业，他仍然把中文在线定位成一家文化企业，在公司里强调文化特质。

"我们需要兼具理性和感性，纯粹的文人可能更适合当作家，但没有情怀的企业家也走不长远。我现在可能更偏向商业一些，但文化始终是我们追求的精神价值。中国的文化产业路还很长，一切都刚刚开始。"

（撰文：尹洁 / 胡小夸）

王小川：人工智能像核弹一样可控

人物简介：王小川，1978 年生于四川成都，18 岁获得国际信息学奥林匹克比赛金牌，被点招进入清华大学计算机系，27 岁成为搜狐副总裁。2010 年出任搜狗 CEO。

2016 年的博鳌亚洲论坛正逢李世石和阿尔法狗的人机大战。五番围棋下来，火了谷歌 DeepMind 团队，也忙坏了王小川。

在中国的人工智能迷里，王小川比较特殊——他是搜狗 CEO，带领团队研发出的智能输入法、搜索还有浏览器成了中国家喻户晓的互联网应用。博鳌论坛 7 天，王小川走到哪个会场，"人工智能"话题就聊到哪儿。其实早在人机对战第二局，王小川就拍桌子预言：阿尔法狗绝对胜！

王小川把阿尔法狗的完胜比作是和文艺复兴一样重大的事情。"文艺复兴的中心命题'我是谁'，让人对自己有了更深的认识，找到自己的定位，带来文化、艺术、科学的突飞猛进。今天我们重新认识'我是谁'的时候，是和一个智慧机器做对比。大多数人感到兴奋，也是因为在朦胧中看到另一种力量，想知道这种力量到底是取代你，还是帮助你。"

人工智能之于互联网的发展，王小川描绘了这样的脉络，从工具到服务，从连接到智慧。"有价值的不是连接本身，而是连接背后的智慧，是人工智能为人类提供的服务。"在互联网人看来，这个即将到来的机器时代，充斥着无数可能。

被激励的程序狗

十五六年前，王小川读研究生，开始涉足与基因测序相关的工作。每天看着 DNA 他就想，基因变成人是一个极其复杂的过程，机器会不会也能自己复制，演化出生命。后来王小川做工程师，他说："写代码也有点类似创造生命，就好像把你的思想注入进去，让程序自己去判断、做选择。"

2003 年，王小川到了搜狐，后来组建了一支团队开发输入法。2006 年，搜狗智能输入法上线，之后这款会联想会记忆的输入软件横扫中国 90% 以上的 PC 用户端。不过在人工智能领域，王小川还是把它归到了低智商产品里。

王小川有更大的抱负，经常挂在嘴边的话是，"技术人总要做点有胆有趣的事情"。他给自己的定位就是"技术人"。在接受《环球人物》记者采访时，王小川透着股朴实劲儿，即使是在博鳌论坛这种大场合，还是穿了条牛仔裤。讲到被加诸的"计算机天才""未来互联网少帅"等光环，他只是用"还好吧"回应。王小川话语中永远带着理科生的自信和笃定。在博鳌论坛，他的很多观点都是少数派，但对自己理解的东西没有丝毫犹豫怀疑。

一聊到技术王小川就双眼放光。前段时间，他在回北京的飞机上做了个梦——梦到自己坐在无人驾驶的汽车里，从北京建国门一路到了五道口。"我知道北京交通状况很可能出现事故，很可能迷路，或者遇到红绿灯也不知道怎么办，但我要体验无人驾驶，享受无人驾驶的过程。一觉醒来我发现自己还在飞机上，那时最大的感受是惊喜和期待。"

王小川

在王小川看来，技术人的日常就是，对着冷冰冰的机器，内心热切期盼技术本身给我们创造更好的生活。

一场人机世纪大战让"技术男"王小川彻底嗨起来了。2016年3月11日，第二场较量李世石再输一局，阿尔法狗2:0领先，王小川给员工发了一封内部邮件，要把阿尔法狗获得第三场胜利的当天定为"狗胜节"，节后的第一个工作日放假一天。阿尔法狗赢了，他比业内任何人都兴奋。"最受伤的是职业棋手，最被激励的应该是我们这群拥有人工智能理想的程序狗，我们更相信自己代表的先进生产力能改变世界。"

老百姓也开始接受人工智能。"比如之前说机器给人看病，估计没几个人敢。现在肯定有人想尝试了。所以，从接受服务的人和提供方来说，都到了一个新的爆发期。哈哈，这是程序狗的春天。"

合纵连横保全搜狗

技术之外，王小川也有自己的洞察。抛开这场大战，其实几年前他就已经关注谷歌的人工智能项目，他说"'心机婊'谷歌下了盘大棋"。

2016年1月，阿尔法狗与围棋职业二段棋手、欧洲冠军樊麾进行了一场测试棋的对弈，最终以5:0胜，樊麾完败。"第一，谷歌找到的樊麾是欧洲冠军，人们可能忽略他的段位相对较低，这样一旦取胜，报道出来影响力大。另外还有一个设定，谷歌和樊麾签了保密协议，直到1月27日《自然》杂志封面文章发表前，谷歌才宣布胜利，消息发布和文章发表配合，立刻引爆科技圈。除了研发，谷歌很会借势营销，谷歌下的棋，技术以外的东西也有不少。"

王小川分析得头头是道，在圈内他就是个长于严密思考的人。"技术强，不一定其他就弱，严密的思考会提供很多其他的正面贡献。"

比如，王小川曾经用自己平和的方式，让习惯血雨腥风的互联网领略了他合纵连横的能力。360董事长周鸿祎曾两度想"吃掉"搜狗，王小川都给摆平了。2008年，360想投资搜狗成立合资公司，王小川去了杭州求见马云，游说了40分钟，马云答应投资，危机化解。2010年，搜狗从搜狐分拆出来独立运营。3年后再遇上360，王小川找到了马化腾，这次腾讯用4.48亿美元资金入股搜狗，并且答应不控股，以此保全搜狗。媒体圈对此的评价，这是"扮猪吃老虎""闷声发大财"的本事。

再比如技术以外的管理能力。搜狗独立发展6年，公司员工增长到

2000 多人，80% 都是工程师。王小川不需要再没日没夜杵电脑前码代码，他开始全面负责公司战略规划和运营管理。"技术人更愿意在管理中把目标设定量化，让目标更有序，就像运行大程序一样来运作。而且技术人搞管理也喜欢以技术为驱动力。一直以来，搜狗都是如此，我们才得以在人工智能领域与行业一直同步。"

"黑科技"的商业运用

《环球人物》：在人工智能的应用方面，搜狗都做了哪些探索？

王小川：在 4 个领域有投入。语音识别、图片检索、网页搜索排序和商业广告优化。

今后的目标是，让机器像人类的大脑皮层一样，接受信息，分析判断。举个例子，你想去机场，可以去网上搜索路线。以后你只需要告诉机器你想去干吗，是坐哪个航班，还是接人送人，人工智能直接优化路线，告诉你出发时间，甚至告诉你航班取消，今天不用去了。未来的人工智能会去理解你的意图，变得更加聪明。类似更高层次的产品，搜狗也将推出一些。

《环球人物》：将这些人工智能的"黑科技"应用于商用领域，还存在哪些困难？

王小川：其实在一些垂直领域里，我们已经有了突破，到了新的起点，比如医疗机器人诊病看 X 光片子，还有炒菜机器人等，这些领域已经有了人工智能的运用。但人工智能还有一些大的问题没有突破，比如机器不具备理解能力。这需要从数学原理出发，跨界神经科学家参与，对人的思考方式有更多的突破，才能够使人工智能变得更加便宜或者说广泛使用。

《环球人物》：到什么时候，人工智能才能在实际上使企业的收入和利润增长形成好的规律？

王小川：预计 3 年之内。2016 年是启蒙运动，人工智能元年，现在我们已经到了一个很好的突破口。

人工智能也需要道德把控

《环球人物》：人工智能对互联网大数据时代有怎样的影响？

王小川：很多公司有大数据，但是数据挖掘能力不够，不知道用大数据能做什么，很迷茫。因为数据本身不是生产力，最后让机器做判断才是效率。人工智能将会和大数据结合，物联网这样的概念要被更新迭代。

《环球人物》：再看远一些，人类生活会有哪些变化？

王小川：可能人会变成"半人半机器"。我们身体上有一些机器部件，甚至大脑上也有人机接口。但我们并不会因此而感到痛苦，就像我们整容，或者往大里讲，就像猿人变成人一样。其实这种进化一直都在，我们和技术一直在融合，比如穿衣服，用空调，坐电梯，开车，技术让我们变得更强大。

未来有一天，我们的生活和科幻电影《钢铁侠》一样，机器可以帮你做很多的事情。再往后可能就有点像《黑客帝国》，人有了脑机接口，能进入虚幻世界，更快地学会其他本领。

《环球人物》：人工智能会像人类一样有自己的生命？

王小川：我在一本书里找到了迄今为止对生命最好的定义。生命应该满足两个条件。第一是性状相对稳定，四条腿不会突然变成六条腿，第二是能够自我复制，把自己的"确定性"变得更多，比如人类繁衍生命。一个机器人能够让自己存在，并且让自己复制，它就开始进入到生命领地。

如果我们为机器设立的目标是在地球生存繁衍，而不只是赢一局棋，这种情况下我觉得就类似于人类有了自己的生命。

《环球人物》：真的会对人类产生威胁？

王小川：更多还是偏乐观。我觉得人工智能正面意义会大于它的威胁。我分享一个好玩的事，研发阿尔法狗的 DeepMind 团队被谷歌购买后，签了一个协议，DeepMind 被要求不得使用团队技术进入军事、监控等领域，还成立了一个九席道德委员会。委员会里三席是 DeepMind 的人，三席是谷歌的人，另外三席是独立董事。遇到什么问题就投票决定。所以，我觉得以后人工智能都会形成一种针对风险建立的防范机制。

就像核弹一样，这些东西可能有一些风险，但大体是可控的。

（撰文：刘雅婷 / 毛予菲）

证监会新掌门头三把火难烧

人物简介：刘士余，1961 年生，江苏灌云人。清华大学水利工程系学士、经济管理学院硕士、技术经济学博士。2014 年任农业银行董事长；2016 年 2 月，任中国证券监督管理委员会主席、党委书记。

全球经济增长最"牛"的国家为什么拥有最"熊"的股市？

这个问题就像"中国足球为什么不行"一样让无数人费解。而现实从来不给答案，只会一次次无情地刷新股民的心理承受值。猴年元宵节刚过，沪深两市再现"千股跌停"景象，大盘一片惨绿。此时距证监会新任主席刘士余 2 月 20 日上任还不足一周。不少网友评论"股市太不给新掌门面子"，因为在此之前，不少股民都在憧憬，证监会换帅将带来一场"牛市雨"，现实却证明：春天还没有到来。

"裁判"的职责

"为什么总是把希望寄托在换帅上？证监会主席的任务是什么？他上台就必须带来一个牛市？"上海高级金融学院教授、中国金融研究院副院长钱军对《环球人物》记者说，"市场有市场的规律。2008 年金融危机的时候，谁上去能带来一个牛市？作为监管部门的一把手，证监会主席的职责不是让熊市变为牛市，而是让股市规范化运行，合理地配置资源。"

这也代表了不少专业人士的看法。有分析认为，经历过 2015 年的股灾，中国股市正处于一个严峻而关键的时刻，刘士余的上任可谓"受命于危难之间"，他所面对的市场化、法治化、国际化改革任重道远。如果不能打破"政策市"的桎梏，任何一位证监会主席都是坐在火山口上，同时还很可能被股民和舆论"道德绑架"。

从 2007 年站上 6124 点以来，中国股市再也没有突破这个峰值，反而一路下跌，一度砸穿 2000 点，至今仍在 3000 点以下徘徊。10 年之中，从尚福林到郭树清，再从肖钢到刘士余，面对的依然是各种痼疾，有人调侃"铁打的大盘，流水的掌门"。

"证监会是监管部门，就像体育比赛里的裁判，职责是让比赛正规、顺利地进行。最好是一场精彩的比赛下来，大家都没有注意到裁判吹哨子。而我们现在由于种种原因，监管的不是上市企业的犯规问题，而是业绩好不好，盈利不够高就不让上市，但对各种弄虚作假的行为却监管不力。这就像足球裁判出示黄牌，不是因为你手球犯规，而是刚才有个好机会、有个点球，你为什么没踢进？给你张黄牌！这就叫以业绩为核心的监管。"钱军说。

这正是注册制改革要解决的问题——把企业上市门槛降下来。然而讽刺的是，最近股市暴跌的直接原因之一就是注册制改革。2015 年底，全国人大通过了授权国务院实施注册制改革的决定，此决定于 2016 年 3 月 1 日正式生效。消息传到坊间，却演变成"3 月 1 日实施注册制，创业板将全面停止审核"。对此，证监会在 2 月 26 日紧急回应，否定传言，表示"注册制实施还有较长时间"。澄清一出，股市马上又开始回升。

这种戏剧性的变化在中国股市一再上演，直接反映出刘士余将要面对的是一个怎样的"政策市"现状，他 20 多年的银行从业经验能否经受住市场考验？

低调而有好口碑

刘士余

刘士余 1961 年出生在江苏灌云县一户普通农家，1987 年从清华大学经济管理学院硕士毕业，进入上海经济体制改革办公室。同年，朱镕基调任上海，后来推动了意义深远的住房体制改革。刘士余是此项改革的亲历者，并在后来总结了一些理论成果。1991 年，在朱镕基被任命为国务院副总理后，刘士余也进北京工作。1996 年，他调入中国人民银行，历任银行司副司长、办公厅主任、行长助理、副行长等职；2014 年底，出任农业银行董事长。

在银行系统，刘士余有较好的口碑。无论央行还是农行，多位接触过他的员工都对《环球人物》记者透露，刘士余"勤勉、低调"。一位央行人士透露，刘士余经常看书到深夜。"央行和农行体系的人对他的评价，一是在业务上比较专业，二是作风很扎实，愿意学东西。"

2003 年，国务院推动国有五大银行改革，时任央行行长的周小川担任改革小组办公室主任，刘士余任副主任。曾有金融机构高管表示，在推动国有银行重组、上市的过程中，周小川出战略、出思想，刘士余则是重要的执行者，积累了大量实际操作经验。

在央行的 18 年中，刘士余被评价为"情商较高"，善于平衡和协调各方面利益关系，而且低调务实。赴任农行后，他多次提出要加强对"三农"和实体经济的金融服务，深入开展"比学赶超"，要求农行在改革方面迈出实质步伐。可以说，无论是应对金融危机，还是国有机构重组、深化改革，刘士余都有丰富的实践经验。

或许正因如此，被公认为"最难搞"的中国股市"掌门"一职才交到了刘士余手中。

规范股市是当务之急

据媒体披露，2 月 23 日，刘士余在上任后首度面向证监会官员的讲话中称，当前证监会主要任务包括：严格监管市场、严查操纵股市、积极引导外部资金入市。这被业内视为"新官上任三把火"。

"刘主席说要加大监管力度，我非常同意。"钱军说，"我对证监会的期待是，把监管方式从以公司业绩为核心，过渡到以公司合法合规性为核心。把那些做假账的、做老鼠仓的、内幕交易的，按照法律规定惩罚到位，一旦作假就让其退市。"

另一方面，注册制的实施进度表也是各方关注的焦点。在这方面，舆论呈现出两极分化的趋势。反对者认为，注册制一旦推出，股市就没有门槛了，势必造成市场混乱。支持者则表示，注册制只是降低盈利门槛，同时提高信息披露门槛，有利于市场规范化。尤其是对于科技型企业和成长型企业来说，目前上市最大的障碍就是要求"连续3年盈利"。最近几年，国内不少电商巨头就是因为某个年份亏了一点，不得不去美国或香港上市。

从国内外资本市场的长期实践来看，股市的长期繁荣主要依靠成长型企业，而这些企业在谋求上市的时候大多是不赚钱，甚至是亏钱的。注册制改革的根本目的是把业绩门槛放低，只要保证企业提交的信息真实、全面、没有误导性，上市后的信息披露准确、及时即可。换句话说，能否让股市规范化运行，才是评判证监会主席的首要标准，至于股价升了多少、降了多少，应该是市场运行的自然结果。

（撰文：尹洁）

专车"烧钱大战"将成历史

人物简介：周航，1973 年出生，广东人，2006 年毕业于长江商学院。1994 年创办佛山天创电子公司，2007 年天创集团并购香港 CAH 专业音响公司。2010 年创办易到，首创国内互联网专车模式。

"中关村创业大街现在清静多了。"一见面，易到创始人兼首席执行官周航就直言不讳地对《环球人物》记者说。这家互联网用车公司与中关村创业大街只隔一条路，过去一年见证了中国创投市场的资本紧缩。

互联网创业就是这么瞬息万变。犹如夏天的气候一样，中国出行行业的变化也来得如疾风骤雨。2016 年 7 月 28 日，国家相关部门公布新规，给予网约车合法身份，争论已久的焦点问题尘埃落定。紧接着，8 月 1 日滴滴出行正式宣布收购优步中国。这无异于在市场扔下了一颗重磅炸弹。有人认为，打车补贴的"烧钱大战"终于画上了句号，但更多人担心，两个行业巨头的合并将垄断整个市场。《环球人物》记者问周航怎么看，他的第一反应是："作为消费者，你应该希望市场是有竞争的吧？"

"专车市场开了个不好的头"

消费者当然希望市场有竞争，但也希望打车是有补贴的。如果说竞争代表了市场健康持续发展的基础，那么补贴则在某种程度上破坏着竞争的公平性——谁更有钱，谁就更能"收买"消费者。

"消费者才不关心'烧钱'的后果呢！"周航的表情里带着一丝调侃，语气却是认真的。"一开始政府也不关心，以前我们向商务部提交过反垄断审查申请，向发改委提交过反不正当竞争审查申请，但都没有回音。"

一直以来，未上市的滴滴对于自身股权架构、股东持股比例、公司盈亏等信息都讳莫如深，外界对其利益方的控制关系也不清楚。但随着资本的飞速扩张、公司的并购重组，滴滴或许面临商务部的反垄断审查，更多公司数据将会浮出水面。

"现在政府已经明白资本运作可能导致垄断。之前大家都被高额补贴迷惑住了，以为是市场行为。"周航说，"现在出台的政策跟我们两年前给相关部门的建议几乎是一模一样的。"

对于"烧钱"的做法，周航一向不以为然。他认为专车市场这两年开了一个不好的头，好像在告诉大家，如果商业上要成功，就必须违反常识、违反规律，一定要去疯狂地烧钱。在他看来，O2O（线上到线下）产业之所以从高峰迅速跌到低谷，就是因为制造了很多"伪需求"，即通过低价补贴造成需求泡沫、伪规模，而其源头和专车市场的疯狂"烧钱"、恶性竞争分不开。事实上，很多O2O产品，消费者尝试过一两次就不用了。

耐人寻味的是，在网络共享经济发源地的西方国家，并没有出现"疯狂补贴"现象。对此周航的解释是："中国市场的竞争过于激烈和残酷，这在全球商业版图上，无论是传统经济还是互联网经济都没有过。我觉得一方面是中国市场实在太大，成了兵家必争之地，而且不容有失。另一方面，中国还没上升到技术驱动的创新阶段，更多是模式创新，技术门槛不高，谁进入市场早、跑得快，谁就更容易成为唯一的'剩'者。"

模式创新通常被认为与"新点子"画等号。创业大赛往往比的是谁发现了一个市场痛点、一种新商业模式，而不是谁拥有一项绝无仅有的硬技术。"中国商业环境太浮躁"的论调唱了多年，周航却并不同意这种看法。

"老是下结论说中国人浮躁，这有意义吗？如果是指一时的，我们正在改变嘛；如果是说天生这样，那我们就不进步了吗？"周航相信，随着虚拟现实设备等技术型产品的问世，2016 年将成为中国技术创新的元年。

"我是网球手，不是拳击手"

2010 年，在机场打不到车的周航看中市场空白，创立了国内首家互联网专车公司易到，但始终没有像 4 年后才出现的滴滴那样一夜爆红。周航觉得这与他对市场的判断以及公司文化有很大关系。"我们不是血腥的个性，我们可能更文青一点。"

周航自己的性格就很"文青"。他最早是做音响设备起家的。那是1994 年，周航和朋友将广东生产的音响设备运到北京去卖，赚到了第一桶金。4 年后，他的公司成了索尼音响在中国的总代理。

年纪轻轻就实现了经济独立，周航选择了移民加拿大，过起"好山好水好寂寞"的生活。但对于骨子里爱折腾的他来说，这种日子没有持续太久。"毫无目标地待着并不是很好的状态，对我来说创造才是生活的意义。"

他对《环球人物》记者说，自己最终还是回国创业了。

创立易到时，国内外都还没有先例。在一年多的时间里，周航都处于"盲打"状态，直到2011年下半年，他第一次在硅谷接触到了优步。

"我们这个行业的时机到了，智能手机、3G开始普及，在新的技术平台下，很多人看到了机会。"为了融资，周航带着一大堆材料去找著名投资人徐小平。据后者回忆，当时坐在对面的周航目光有种穿透力，给自己留下深刻印象。

"创业之初，我只想做一些能满足市场需要的事，并没想在短时间内获得多大的成功。我更像隔着网子打球的网球手，而不是拳击手。"周航说。

但如果对手是拳击手呢？"这的确是我需要反思的。本来想和对手打网球，结果他是个拳击手。在和拳击手的对垒中我们不占优势，需要学习，但不等于我们就要变成拳击手。"

周航承认，过去6年的创业始终很艰难，对手的崛起也让他不断总结反思。"这几年我们吸取了很多教训，对企业有很大的价值和意义。"目前，易到全平台用户超过4000万，注册司机280万，每天有效订单300多万、服务乘客超过110万人。

对于说自己"喜欢谈情怀"的外界评价，周航毫不介意："不要以过小日子的人的心态去看待创业者，在这个问题上，我欣赏马云的一句话——忽悠与信仰的区别就在于你自己是不是真的相信。有人说情怀没什么用，但我想表达一个观点：纵然情怀是坟墓，我也会义无反顾。如果没有情怀，我简直无以自处，我一定要找到做一件事的意义。"

假如这个意义在市场上不存在了呢？"那就去做别的啊，现在市场上机会这么多。"周航笑着说。

"做好服务才有生存的机会"

"有人说老大和老二合并之后，市场就统一了，天下没有这么简单的事情。市场永远是变化的，谁是最后的霸主亦未可知。"滴滴宣布收购消息后，周航在内部邮件中如此写道。他给自己和公司设立的目标一直是长远的，"我们不是机会的追逐者，我们是机会的创造者"。

当时，易到内部开了个会。用周航的话说，"大家前所未有地达成了共识，一定要做好服务才有生存的机会"。此前，易到内部有很多声音认为做好服务没什么用，因为网约车市场是价格的竞争。但现在什么杂音都没了，摆在面前的就是一条路：只有足够的差异化，才能和对手形成区别。

"过去大家认为用户是拿钱买来的，没有任何忠诚度。谁给的钱多、优惠多，乘客和司机就往谁那儿跑。这种关系因利而聚，也会因利而散。我们希望建立一种全新的关系——共建、自治、平等、尊重。过去我们对差评的处理就像猫捉老鼠，今后希望形成自治机制，让司机自己去讨论、去形成一些管理规则。"

周航对《环球人物》记者明确表示，滴滴和优步的合并是易到的机会。"消费者、司机、政府都想看到良性竞争，这对我们来说是非常正面的消息。但如果我们还是按照原来的模式，仅就专车做专车，要追赶、超越现在的新滴滴会非常困难，因为人家的市场规模足够大，手里现金和客户也足够多。"

在周航的规划中，易到未来的发展路径是走差异化路线，公司会以专车为入口，拓展整个汽车产业链条，公司业务将延伸到汽车金融、保险、二手车等，到时无论是车主、车企、4S店，还是金融机构、内容商、广告商都可以分享这块利益蛋糕。

虽然从目前看，中国出行公司的营利时间还是未知数，但整个市场正向着规范化的方向发展。周航也一再表示，滴滴和优步的合并将使中国出行市场回归商业本质，疯狂补贴、"烧钱"的时代将成为历史。

"在新政的作用下，补贴会逐渐退出市场，我估计到这个季度末为止。"周航对记者说。但两巨头合并后的市场格局很难预测。"我们这个行业的变化实在非常快，周周有大事，天天有高潮。一个季度跟过了一年一样。对于未来行业的变化，新政可能是关键因素。"

要从根本上改变出行行业的市场环境，核心也在政府。周航表示，新政策 80% 以上的内容都是非常积极的。尤其是平台、车辆、司机都需要规范这一点，他非常赞同。此外，为了避免过度竞争，政府限制最低价也有必要，但这只能是阶段性的，从长远来看，价格应该是完全的市场行为。

目前，出租车司机和网约车司机之间的矛盾仍然不小。周航认为二者就像两条河流，不引导一定会出事端，但只要挖出两条沟槽，引个渠道，给双方 5 年时间，出租车和网约车就能很好地融合了。

"我们应该相信，市场手段会比行政手段更有效。如果政府对网约车实行强力的、长期的数量管制，就会制造第二个出租车行业。只要不限制数量，网约车就会非常健康地发展下去，并极大促进出租车行业自身的变革。"

当《环球人物》记者问周航，每天的神经是不是都高度紧绷时，他笑了："也没有。我们现在不是正轻松愉快地聊天吗？"

（撰文：尹洁／胡小兮）

李稻葵：注册制还要等一等

人物简介：李稻葵，1963 年生于北京。1985 年毕业于清华大学经济管理学院，1992 年获哈佛大学经济学博士。现任清华大学中国与世界经济研究中心主任。

如果要问谁是 2016 年博鳌论坛上最忙的经济学家，那当属李稻葵了。在 3 月 22 日至 26 日的会程中，《环球人物》记者每天都能看到他的身影。从中国和亚洲经济、金砖国家合作到美国经济，李稻葵在论坛上的发言常被媒体拿来当作新闻标题。论坛后，他被记者围追堵截更是家常便饭。对于 2016 年中国经济走势、房价和股市等问题，李稻葵向《环球人物》记者进行了解读。

"你们可能太悲观了一点"

李稻葵之所以受欢迎，是因为他总能把经济问题深入浅出地讲出来。

3月22日下午，"2016亚洲经济前瞻指数"在论坛上发布，与2015年的前瞻指数95.4相比，2016年的指数仅为45.4。报告指出，2016年亚洲经济增长速度将明显回落；中国经济增长与上一年相比也将放缓。对于这样的预测，李稻葵认为"太悲观"，因为"这个指数是2015年年底到2016年1月进行的调查，那个时候全球股市的表现很糟糕，而且大部分调查来自企业界"。

李稻葵还讲了一件事："2015年1月达沃斯论坛期间，我参加了一场内部的矿业集团讨论会。我说2016年上半年矿业产品价格会上升，当时给了几个理由，主要围绕中国经济，在座的人都不同意。我说好，我拿出个人金融资产的一半投资你们某一个的上市公司，怎么样？结果，刚过去的3个月价格翻番了，大宗产品价格涨了60%。我说你们可能太悲观了一点，下次增加一点学者们的权重，可能会稍微好一些。"

李稻葵认为，从总体上说，亚洲经济还是全球亮点，其6%的增速是全球增速的两倍，也不会出现1997年那样的金融危机。不过，局部风险还是存在的，尤其是沙特和土耳其。中国经济是亚洲经济的领头羊，从体量上看，亚洲25万亿美元的GDP，中国贡献了10.5万亿，相当于印度、韩国、日本、东南亚的总和，看亚洲必须看中国。

对于2016年中国的经济走势，李稻葵的判断是，下半年经济会有所回升，经济增速将保持在6.7%左右。"因为从房地产来看，目前一线城市库存不够，需要投资。2015年房地产是零增长，2016年预计会出现4%到5%的增长。而且中国经济不能只看当下，要看未来三四年，是不是能够利用现在比较好的条件，下大决心把落后产能淘汰出去、把呆账坏账清理出去，这是考验决策者决心的。"

"住宅有 18 个月到两年的库存"

《环球人物》：您如何看当前的供给侧改革，它和去产能的关系是什么？

李稻葵：现在外界对供给侧改革有一定的误解。我们的供给侧改革和 20 世纪 80 年代美国和英国的不完全一样，他们主要是三件事：一是私有化，二是减税，再有一个是减少管制。今天我们的供给侧改革主要是激活经济微观的活力，换句话讲，有点像激活人的每个细胞的活力，增加微循环，而不是简单地加减衣服，搞外表的调控。其中重点是两件事：一是去产能，主要是那些没有市场需求，也不符合环保标准的落后产能要加快调整。二是去杠杆，企业借债和贷款量要降下来，产能去掉以后，好多呆账旧账就可以清理了，这两件事是同步的。

至于房地产去库存，是不可能在一年内完成的，需要慢慢改善我们的城镇化政策，逐步增加有效的房地产需求，这是一个慢活儿。

《环球人物》：一线城市不存在去库存压力吗？去库存是否要分线？

李稻葵：去库存要区别对待。一线城市的问题不是去库存而是加库存。正因为没有库存了，所以房价猛涨。未来要加快土地供给和房地产开发，把房价稳定下来。三、四线城市当然要去库存。还有，住宅性房地产和商业性房地产也是有区别的，住宅总体上讲问题不太严重，也就是 18 个月到两年的库存，商业的去库存时间要长一些。

《环球人物》：2016 年下半年一线城市的房价还会继续上涨吗？

李稻葵：下半年一线城市房价上涨的趋势还会延续，但如果政策到位，不合理的投机行为能控制住的话，房价涨幅会放缓，但还是会上升。

《环球人物》：2016 年是否存在通货紧缩的风险？老百姓该如何应对？

李稻葵：通货紧缩现象在中国经济里比较特殊，和日本的情况不一样。日本是通常意义上的通货紧缩，各领域价格都在下降，包括工资。而中国则局限于工业品和制造业的价格下降，普通老百姓的工资还在涨，尤其是蓝领工人。对于普通消费者，我建议对耐用消费品该出手就出手。工业品通货紧缩的局面不会持续很久，一年之内应该就有改变，冰箱、电视机的价格不会像现在这样猛跌猛降。

"注册制改革好比高考改革"

《环球人物》：就股市而言，注册制是否应该尽快推出？

李稻葵：注册制改革就好比高考改革，我们对高考的诟病很多，也做了很多无用功，所以必须要改革。目前的审核制就像高考，但是高考不能一下就取消。如果没有高考了，所有学生只要注册就可以上大学，这能行吗？所以应该创造条件，逐步过渡到取消高考。注册制也是这样。首先要加强对上市公司的监管，如果作假，马上勒令退市，相关人员要严格追究责任，按照刑法问责，不只罚款还要限制其人身自由。

对于推出注册制，一要研究；二要有政策配合，尤其是勒令退市的政策；第三，我建议"新人新办法，老人老办法"，就是按照注册制进来的企业相当于没参加过高考的学生，每门功课最少要考到70分，哪门功课作弊或考到69分，都要勒令退学；而通过审核制进来的学生，即使有一门不及格，也可以再给一次机会。

《环球人物》：为了2016年金融市场的稳定，我们还应出台哪些政策？

李稻葵：短期内要做三件事：一是注册制要给大家一个明确的说法，有一个时间表，告诉各界，如果推出会辅之以什么样的政策；二是出台一个明确的股市稳定机制，告诉大众，如果上市公司市盈率跌到多少以下监管部门就出手，还有退出机制；三是稳定汇率，同时资本账户要管好。如果这三件事都能做好的话，金融市场短期能基本稳定。当然，我们还要加强监管和法制。我在两会上提出，要搞高级证券检察院和高级证券法院，对所有股市违规的事情进行诉讼审判。只有通过司法才能减少或杜绝违规违法现象，好比中国的足球要从青少年抓起一样，我们的股市要从法制抓起。

《环球人物》：提到金融市场的稳定，您对于之前实行的熔断机制怎么看？

李稻葵：熔断机制在什么情况下管用呢？有很多股市交易是通过计算机程序进行的，比如，如果万科的股票下跌，就必须抛售恒大的股票，因为历史经验表明万科是龙头。这是电脑程序交易，不是人为的。美国的经验告诉我们，这种程序交易往往能够引发共鸣共振，熔断机制就是把这个程序中断一下，让那些编程的人知道程序有问题了，需要人为干预。但是中国没有程序交易，大家一看熔断了都赶紧抛售，一下就把市场搞得没交易了。所以熔断机制在中国不适用，这是根本原因。我们需要整个市场层面有一个强有力的稳定基金来做这种事，防止全面的系统性恐慌。

（撰文：刘雅婷）

宗庆后：我不想成为一个财富的符号

宗庆后，1945 年出生，浙江杭州人。1989 年创建杭州娃哈哈营养食品工厂，现任杭州娃哈哈集团有限公司董事长兼总经理，浙江省饮料工业协会会长，第十一届、第十二届全国人大代表。

"宗董事长来了！"听到工作人员提示，才发现宗庆后已经坐在《环球人物》记者对面的座位上。这位中国前首富、拥有千亿身家的娃哈哈集团掌门人，看上去不太起眼：一件中老年人最常穿的藏蓝夹克衫，花白的头发没有任何处理。他两手撑着椅子坐下，看上去略显疲惫。

自从 2012 年同时被《福布斯》和《胡润》两本杂志评为"中国内地首富"后，宗庆后就吸引了全世界的目光。2016 年 2 月 24 日，在胡润研究院发布的《2016 胡润全球富豪榜》中，宗庆后家族以 1250 亿元位列"中国内地富豪榜"第三位，前两位分别是王健林家族和马云家族。这一次，已经70 岁的宗庆后终于肯坐下来面对记者："其实我并不比任何人聪明，我所有的，只是一门心思想做成一件事的冲动，并且甘愿为此冒险。我仍然有'只争朝夕'的精神。"

为 80 后 90 后发声

宗庆后向记者回忆，自己是在苦难中度过的童年和青春，但也磨炼出强大的意志力。"那些重压没有压倒我胸中涌动的斗志，心里对未来依旧充满渴望。"

由于出身不好，从 1963 年到 1978 年，宗庆后先在农场打工，后来又到茶厂种茶、割稻、喂猪，33 岁才回到家乡杭州，顶替母亲进纸箱厂做供销员，跑遍了穷乡僻壤。他直到 42 岁才开始创业，从蹬三轮卖冰棍干起。那时谁也不会想到，20 多年后这位中年男人会成为家喻户晓的中国首富。

"在社会的最底层生活过，你就能体会一切都是为了稻粱谋的心情。这也是我现在为止，看到农民推着三轮车上坡，就忍不住下车去扶一把的缘故。"宗庆后对《环球人物》记者说。于是就不难理解，身为两届全国人大代表的他为何频频为民生疾呼。2016 年两会，他带来了 10 条议案及建议，尤其关注 80 后和 90 后的生存与发展。

"目前以 80 后、90 后为主体的年轻一代普遍面临着巨大的工作和生活压力。有调查显示，当前超过半数的 80 后月收入在 3000～6000 元之间，月薪超过 1 万元的不到两成。现在的年轻人是一套房子就给压得透不过气来。"宗庆后说。他希望政府能保障年轻人每个家庭有一套经济适用房，解决其基本需求。"希望政府在出台房地产去库存政策的时候，能考虑到他们。只有年轻一代能安定生活，才会安心尽责地为企业工作，才能使企业发展得更好。"

会尽力为娃哈哈"女王"做好铺垫

外界总是好奇首富的生活是什么样的，而宗庆后的回答估计会让绝大多数人跌破眼镜。除了特殊场合需要穿西装外，他平时只套件夹克衫，脚上穿双布鞋。

有一次出差，天有点儿凉，宗庆后花了 19.5 元买了套内衣。员工问："老板，你为什么不买套贵点的？"宗庆后说："穿我身上，人家都以为是上千的。"有人统计过，这位首富一年的个人消费不会超过 5 万元。

宗庆后对饮食没什么讲究，豆腐乳和咸菜是他的最爱。在杭州总部，他一日三餐都在食堂解决；不在杭州的日子，若无商务宴请，一个盒饭就可以打发。他既不打高尔夫，也不玩游艇、帆船、赛马，更不搞收藏，因为"不懂，还容易碰到赝品"。手机对他来说就是打电话，超长待机的最好，最近一两年他才开始用智能手机。

就连电影，宗庆后也很长时间没看了。他偶尔看看电视，出差的时候会看电视剧碟片，其中看得最多的是《雍正王朝》和《亮剑》。

宗庆后没有私人飞机。他太忙了，根本没时间旅游。以前出差他都是坐经济舱，现在腰不太好，坐得太挤很难受，才开始坐商务舱。至于外出住的地方，只要能睡觉和洗澡就够了。

很多人都说宗庆后的生活没有质量，他也承认，自己的生活品质还不如一些员工好。"钱都是自己一点一点辛苦挣出来的，真的不太会享受。在我看来，超过 1000 万的财富都应该属于社会。我来自底层，懂得底层百姓的生活。"宗庆后说。他艰苦惯了，硬让他过奢侈的生活，他也没办法适应。

这些年，宗庆后放弃了很多私人生活：女儿上学，却不知道她读的是几年级；西湖离公司总部才几里路，创业20多年没有去玩过一次；节假日不是出差就是在办公室，工作常常到深夜，困了、累了就睡在办公室里。

对于女儿宗馥莉，宗庆后既存在愧疚，也存在代沟和文化上的碰撞。在家里，他和妻子施幼珍都称女儿"阿莉"；而在娃哈哈集团，宗馥莉私底下被称为"公主"，也有人叫她"大小姐"。刚进企业时，她跟宗庆后闹意见分歧，被"专制"后，会赌气发起两三天的"冷战"。但慢慢地，宗馥莉逐渐理解了父亲的一些做法与观念，开始认同"家文化"，接受不引进"空降兵"和不上市的主张。这些改变令宗庆后欣慰，但他不确定宗馥莉会坚持多久，毕竟她还年轻，会有自己的家庭。宗庆后希望女儿成为幸福的妻子和母亲，他也能够成为幸福的岳父和外公。

"儿孙自有儿孙福，阿莉的未来，我这个当父亲的做不了主。她留过学，思维观念和行为方式都美国化了，更想做自己喜欢的事情。"在宗庆后还做得动的时候，他会尽全力为娃哈哈"女王"的诞生做最好的铺垫。但这一切未必会给她带来快乐。

"我没有时间享受"

《环球人物》：有人说是娃哈哈成就了您，您怎么看？

宗庆后：一千个人眼中会有一千个哈姆雷特，那么一千个人眼中也会有一千个娃哈哈。对我来说，娃哈哈是我的整个人生，我希望它成为百年企业，我所能赋予它的，就像李云龙赋予独立团的，那种叫作"灵魂"或"精神"的东西。我成为企业家并非出于本能，也不是真正的性格使然，只是在一个找不到出路的年代，使劲为自己找一条出路。等到年纪大了，回头一看，自己竟然走出了一条路。娃哈哈已经让我实现了人生价值，我要一辈子把它做到底。

《环球人物》：是什么特质成就了您？

宗庆后：天道酬勤。在商业中，我认为勤奋最重要。如果按100分来测算，勤奋最起码要占七八十分。此外，我比较会创新，比较低调。我的弱点是事无巨细地亲力亲为，大家对我的依赖性比较强，我现在也慢慢地让部下去历练。成功跟悟性有关系。我可能是无师自通的，也没去学人家的什么理论，完全是凭感觉和经验判断一个问题应该怎么解决比较好，怎么管理比较好，自己弄了一套东西，通过实践才知道对错。

《环球人物》：您知道外界对您"特有钱"和"特抠门"的评价吗？

宗庆后：我们都是艰苦创业，一路走过来的，没有外界夸张渲染的那种奢华生活。我们这些人没时间去享受，生怕一享受了、贪图安逸了，企业就搞垮了，而且有些太古怪的东西我们也不敢去经历。我小时候的理想很多，后来被社会现实慢慢修正。有什么机会就抓住什么机会，就像《士兵突击》里的许三多一样，把每个机会都当作救命稻草，牢牢抓在手中。没有理想、没有目标是不行的。

《环球人物》：您怎么看待"首富"这个称号？

宗庆后：世界每天都在改变，"首富"不能代表任何意义。只要娃哈哈矗立在那儿，就意味着我的人生没有虚耗。首富是一个桂冠，但我并不想沦为一个财富的符号。卓越的企业家在价值积累的过程中聚沙成塔，终将完成一个天命，达到"无我""无物"的境界，为这个世界的进步提供建设性的思维模式和解决方案，这才是企业家的价值。

《环球人物》：您曾说企业家是弱势群体，怎么讲？

宗庆后：一开始我们为了自己活命才拼命干，现在积累了一定财富可以回报社会了，资产规模和质量都提升了，但全社会仇富的情绪也起来了。

目前个别政府官员也对企业家充满了妒忌，他们有时候会觉得我权力这么大，为什么我的钱没有你赚得多？这使企业家特别是民营企业家丧失了继续创业的积极性，对经济发展起了负面作用。富人缺乏安全感，你如果不停打压他，他就跑掉；你要去鼓励和引导他，让他为社会做贡献。如果他们都跑了，国家的税收和就业如何解决呢？

《环球人物》：您认为仇富原因是什么？

宗庆后：我发现在美国，富人会受到尊重，很少见到仇富，为什么？因为那里普通老百姓的生活水准跟有钱人差不多，房子车子都有，也不愁吃穿；有钱人吃得稍微好一点，房子稍微大一点。整个社会都认为，有钱人的投资给工薪阶层创造了就业机会。可是在中国不同，有些普通老百姓基本生活需求没有得到很好解决，社会上一些人又渲染仇富心理。人们仇富的心理起来了，富人缺乏安全感，就会拼命移民到国外，把财富也带到国外，这会对中国发展产生不利影响。

《环球人物》：现在国内一些企业家有悲观情绪，您心态如何？

宗庆后：我这人心态比较好。我生命中最快乐的时光，就是把这件事（娃哈哈）做成的这20多年。我除了为国家提供了一个娃哈哈和那么多税收之外，还希望能为国家提供新的观念。有一个宗庆后在这儿，大家就会觉得在中国踏踏实实地做实业，一点一点地积累，还是有希望、有前途的。有一个现成的模式摆在这儿，大家会觉得在中国可以不靠资本市场，不去做 PE 和 VC 也能获得成功。以前大家都觉得做实业赚钱慢，玩资本来钱快，不用那么辛苦。现在大家会觉得，还是踏踏实实做实业，才会成为首富。

（撰文：刘畅）

专访亚投行行长金立群之女金刻羽

人物简介：金刻羽，1983 年出生，2009 年获哈佛大学经济学博士，现任职于伦敦政治经济学院，入选达沃斯"2014 年全球青年领袖"。

金刻羽的语言表达能力很强，虽然在国外生活了近 20 年，有些专业词汇需要用英文代替，但她在阐述观点时仍然十分流畅，声音干脆利落。她的名字"刻羽"来自战国时代的名篇《宋玉对楚王问》，其中"下里巴人"和"阳春白雪"两个成语广为人知，其实紧随其后的还有两句"引商刻羽，杂以流徵"，这是比阳春白雪更高一层的音乐境界。金立群用"刻羽"作为女儿的名字，可见这位父亲的文化底蕴。

1 月 16 日，经过 800 多天筹备的亚洲基础设施投资银行正式开业，金立群正是亚投行首任行长。金刻羽并不避讳父亲带给她的影响，她对《环球人物》记者坦言，家庭给她提供了展现能力的机会，但要获得真正成功的人生，仍然要靠个人的长期努力。

2015 年 9 月，金刻羽接受《环球人物》采访时留影。

家庭背景不是一切

"我爸对于我长大干什么并没有具体的规划，但从我小时候开始，他就培养我的好奇心，让我养成了爱读书的习惯，在个人成长方面给了我很大空间。"金刻羽对《环球人物》记者回忆说。这种习惯的养成也源自金立群的言传身教。"他下班后，一有时间就读书。我们每天吃完饭，不是看电视，而是一起读书，或者进行户外运动。我们经常聊天，但很少讨论经济问题，一般是文学、外交、国际政治。"金刻羽说。

金立群是从文学转向经济的。他早年毕业于北京外国语学院，20世纪80年代初，成为"文革"后第一届英语研究生。毕业时，金立群的老师许国璋建议他去财政部，因为"中国更需要经济和金融人才"，本想从事英国文学研究的金立群就这样踏入了经济领域，但一直没有放弃"文学梦"，90年代还翻译了《摩根财团》一书。金刻羽告诉记者，父亲现在每天都看法语，"他又重新捡回了法国文学"。

偏爱人文科学的金立群在对女儿的教育方面投入了很多心血。他曾透露，在教育方式上，他一直很开放，尽量让女儿自己去发现适合她的兴趣，而不是逼她死读书。金刻羽坦言自己好奇心很强，喜欢尝试新鲜事物，尤其是文艺和体育方面的。

在外界眼中，有一位曾经当过财政部副部长、中金公司董事长，现在又成为亚投行行长的父亲，金刻羽的人生起点"非常高"。她自己又是怎么看的？

"我没有见过一个成功的人不是超级努力和自律的，这是成功的必要条件。家庭不是必要条件，但可以辅助一个具备成功者素质的人更快地发展。一个人再聪明、出身再优越，也要努力、敬业、有激情、自我约束，才能实现理想，这些都不是家庭可以带来的。父母对子女的影响很重要，但这不一定是家庭背景，而是如何引导你，为你提供机会去展现能力，找到兴趣所在，这才是最重要的。就像我在哈佛的很多同学，家庭背景都是普普通通的，但美国社会的经济实力和文化环境，能让孩子从小自由发展，发现兴趣、培养爱好，最后那些努力的学生自然会脱颖而出。"

从哈佛到伦敦

14 岁时，已经在人大附中读了 3 年初中的金刻羽决定出国。"是我自己要求去的，我觉得留学有利于我未来的发展。那时在人大附中的竞争也很激烈，我为了自己的前途考虑，觉得美国的发展空间更大一些。"在获得纽约一所精英私立高中的奖学金后，金刻羽开始了独自一人赴美求学的生活。

"我住在美国人家里，要适应一个很孤独的环境。美国高中有一个很不好的现象，就是小团体主义。在中国，学生是以学习成绩划分'阶层'，在美国的精英高中里，是按父母所属的经济阶层划分，或者是由你的外表、体育能力决定的，学生之间有时是很不友好的。"金刻羽对《环球人物》记者回忆说。尤其是她所在的地方还是纽约。有种流行的说法是，美国分成两部分：纽约和纽约以外的美国。

"纽约确实和美国其他地方不一样，我觉得有点缺乏人情味，比较冷酷。对一个初次离开父母、刚到美国的小女孩来说，要适应挺艰难的。"金刻羽告诉记者，很多纽约中学生都有假 ID，为了能进酒吧喝酒。在灯红酒绿的国际大都市里，孩子们会转移学习精力去模仿成年人。在这种环境下，金刻羽的自控能力起了很大作用。

"那时唯一的目标就是上哈佛，动力是 200%。一到周末我就看书，养成习惯后，就不再感到寂寞。"这段生活对金刻羽的性格培养帮助很大，她后来在任何环境下都不会感到孤独。

2000 年，金刻羽拿到了哈佛大学的全额奖学金，本科毕业后，又继续攻读博士学位。她觉得自己在哈佛的最大收获是从同学们身上学到的。

"中国俗语说，'人外有人，天外有天'。哈佛的每位同学在高中时都名列前茅，但我发现，很多人已经超越了学校设定的界限，不仅仅是成绩拿到 A 以上，他们做的事情远远超出了高中生的范畴，根本和考试无关。比如有的同学十几岁就开始写剧本，有的做服装设计师，作为从中国教育系统里出来的人，我很惊讶于这一点。"

哈佛的课业压力可大可小，关键在于学生自己的选择。"如果你有动力，可以接触到世界上最好的教授、最好的资源、最好的机会。你可以锻炼自己的组织能力、创新能力，也可以去创业，哈佛给你这样的空间，那么你就可以选择一些比较简单的课。一切都是由你控制的，做什么都可以，只要做好了都有机会找到非常好的工作。哈佛不以成绩为唯一评判标准。"

2009 年，金刻羽获得哈佛大学经济学博士，同年进入伦敦政治经济学院任教。

"当时正值金融危机期间，很多学校没钱。而且我的性格比较外向，喜欢跟各种人交流，尝试不同的事物，所以希望在大都市生活。伦敦政治经济学院的经济专业实力很强，伦敦又是政治、商业和学术中心，所以我最后选择了伦敦。"

在学术领域，金刻羽还处在努力攀登的阶段。她曾在国际顶尖学术刊物《美国经济评论》上发表过两篇论文；2012 年，她在《金融时报》发表了《欧洲应向亚洲取经》的文章，建议欧洲各国学习亚洲务实的精神。

现在，金刻羽的研究重心是新兴经济体，尤其是中国问题。"过去研究的是比较相称的经济体，比如欧洲对美国。现在新兴经济体发展起来了，可以研究的课题很多，我目前研究的是发展中国家和发达国家之间经济交流问题。"

对于未来，金刻羽说不会想得太远，近期还是会留在国外搞学术。"我小时候想得特别远，后来发现路是靠走出来的，未来有各种选择，大方向可以规划，但具体选择是灵活的。"当然，走得越远，机会成本就越高，这是一种挑战。"不确定性是件好事，不然人生没什么意思。如果你做的选择都是为了避免不确定性，那么你的选择可能不是最好的。有一定风险对事业来说不是坏事。"

"短期痛苦要能承受得住"

《环球人物》：在经济领域，国外的一些成功经验，比如某些市场管理政策等，拿到中国并不适用，为什么会这样？

金刻羽：国外的成功经验在中国不一定能套用。中国还是一个发展中国家，经济目标和要求与美国不同。发达国家最关心的是失业和通胀，中国还要关心增长和市场稳定。不过在某些方面，比如如何控制市场情绪、跟市场沟通，可以向美国学习。我认为中国还是要走自己的路，未来会创造一套属于自己的模式。

《环球人物》：经过2015年的股灾，很多人认为中国缺乏投资者教育，你同意吗？

金刻羽：我认为中国个体投资者还是很了解市场的，但他们的心态与国外投资者不同。国外投资者更看重长期回报，投资选择的种类也比较多，可以分散风险。而中国的投资渠道较少，大家不得不集中在股市里，都想趁股市上去的时候赚一把。

《环球人物》：实体经济衰退会演变成严重的经济危机吗？

金刻羽：我不认为实体经济衰退会演变成一种危机。现在是转型的过程，短期痛苦要能承受得住。产能过剩行业的调整，企业的优胜劣汰，是很多政府都要面对的问题，美国也一样。在这个过程中，大量工人都要随着科技进步改行。如果政府能提供一些培训，可以缓解就业压力。在发达国家，服务业提供了大量就业机会，中国如果不大力发展服务业，很难吸收被淘汰的企业员工。这是一个发展趋势，还需要一定时间。

《环球人物》：目前中国经济处在一个瓶颈之中，你认为关键性的问题是什么？

金刻羽：经济结构扭曲。中国企业可以分成两大类：一类很大，有钱，贷款很容易；另一类是中小企业，需要贷款却得不到。如果能打破障碍，中小企业将会在很大程度上推动经济发展。政府应该消除那些阻碍资源优化配置的扭曲现象，更有效地使用资本和劳动力，提高经济效益。目前，国有部门贡献了 30% 的 GDP，雇佣 15% 的劳动力，却吸收了约 50% 的国民投资。过去认为发展就是工业化，但中国已经跨越这个阶段了。经济要换挡，目标是有的，也知道该往哪个方向走，但政策环环相扣，除非同时改变才能马上释放潜力，否则一时难以跳出桎梏。

《环球人物》：创新对经济的拉动作用有多大？

金刻羽：相比于经济效率提高带来的巨大收益，创新对 GDP 的拉动作用仍然较小，两者不可同日而语。即使在美国这样科技高速增长的国家，从宏观数据上看，科技对于 GDP 的贡献也只有 1%～2%。所以中国经济短期内不可能完全靠创新拉动，主要的潜力还隐藏在其他地方。但中国还是应该鼓励创新，当科技进步达到一定的临界点后，创新对经济的作用就会体现出来。

《环球人物》：你对中国经济预期如何？

金刻羽：近期是转型过程，得看深化改革的推动作用能有多大、多快。

我认为中国短期不会出现经济危机，中长期还有很大的潜力可以调动。现在中小企业陷入恶性循环，借不到钱，没法扩大生产、没法发薪水，于是银行更不愿意借钱，如果能打破这种循环，中国未来的发展空间仍然是很大的。

（撰文：尹洁）

樊纲：我们离现代市场经济还很远

人物简介：樊纲，祖籍上海，1953 年生于北京，经济学博士，北京大学汇丰商学院教授，主要研究领域为宏观经济学、制度经济学。现任中国经济体制改革研究会副会长、中国改革研究基金会理事长、国民经济研究所所长、央行货币政策委员会委员。

2016 年 1 月 11 日，樊纲在他的办公室接受《环球人物》记者专访。

　　樊纲给《环球人物》记者的第一印象是不苟言笑。在约定的时间，他像上班族一样走进办公室，放下公文包，与记者交换名片。面对镜头时，樊纲带着一点学者特有的拘谨，但随着采访的深入，他的脸上逐渐露出笑容，那是一种"我知道你想了解什么，我能给你答案"的胸有成竹。

　　过去 10 年中，樊纲两次被国务院任命为央行货币政策委员会委员。第一次是 2006 年到 2010 年，第二次是从 2015 年 6 月开始。樊纲说，委员并非是货币政策的制定者和决策者，而是参与议程，"我们起的作用是讨论、发表一些观点。央行希望倾听更多的意见，以制定正确的政策。"

　　20 世纪 80 年代中后期，樊纲在中国社会科学院攻读博士，师从著名经济学家朱绍文，研究西方经济学。期间，他曾赴哈佛大学及美国国民经济研究局进修。朱绍文曾经提到，樊纲在美国读书时非常刻苦，经常因为走得太晚而回不了家，就在研究局的桌子底下睡觉。

　　从 1991 年起，樊纲发表了一系列关于体制转轨的论文。他 1996 年出版的《中国渐进改革的政治经济学》是国内最早研究体制转轨的理论专著。进入新世纪，樊纲继续研究不同的改革方式所带来的成本，以及如何选择成本最低的改革道路。这些理论被称为"过渡经济学"。

　　过去 10 年，中国经济处于加速转型期。樊纲认为，改革重点不应放在对旧制度的修补上，而应发展新制度。"只要大力发展新制度，旧制度最后可以趋向于无穷小，慢慢就淘汰了。"这将是一个漫长的过程。"现阶段，私人经济不够发展，国有垄断还存在，金融市场不发达，人民币还不可以自由兑换，监管、调控机制也很不完善。我们离现代市场经济还很远。"

　　2015 年 10 月，由于在过渡经济学领域的贡献和成果，樊纲获得了国内经济理论界最高奖——"中国经济理论创新奖"。学术界认为，樊纲针对中国越来越复杂的经济状态提出的系统性论述和改革构想，是具有实践意义的理论发现，为政府的具体经济政策提供了有效建议。

整体：两次过热，余波未了

如果给过去10年的中国经济画一个走势图，将会呈现两个巨大的波峰，樊纲将其称为"两次过热"。

"第一次是2004年到2007年。那次是形势使然。美国正处于房地产加金融的大泡沫时期，带着全世界一起过热。中国的出口每年增长30%～40%，加上国内已经搞了很多改革，尤其是房改后，地方开始搞土地财政，企业也投资、政府也投资，经济一下子就热起来了。"

为抑制过热，2006年，中国的财政政策由积极转向稳健，货币政策连续收紧，信贷规模和固定资产投资都出现了大幅回落，央行也不断减少房地产开发的资金支持。那段时期，房价一度被控制在合理的水平范围内。

"直到现在，一提到'宏观调控'这个词，人们的印象就是政府不让干这个、不让干那个。"在樊纲看来，中国经济的特点是三个"马上"：一刺激马上火起来，政府马上防过热，经济马上又下去了。

第二次过热出现在2009年到2010年。随着2008年9月国际金融危机的全面爆发，中国经济迅速下滑，出口负增长，大批农民工返乡，经济面临硬着陆风险。在此局面下，中国政府于当年11月推出了进一步扩大内需、促进经济平稳较快增长的10项措施，预计到2010年底大约需要投资4万亿元人民币，外界将其解读为"4万亿刺激计划"。随着各项措施的快速推进，中国经济不仅停止了下滑，而且出现了令全世界惊讶的"逆势增长"。

2009年第一季度末到第三季度，短短半年内，中国GDP就从6.1%的谷底反弹到8.9%。10月末，官方宣布4万亿计划取得明显成效，前9个月全社会投资增长33.4%。

但是，从"4万亿"出台之日起，国内外质疑和批评的声音就从未停止过，并呈现两极分化态势。自由派观点认为，政府对经济的强力干预会扰乱市场经济的内在规律和修复机制；干预派则强调，政府的反危机措施挽救了中国经济，甚至称4万亿的刺激力度还远远不够。

对此，樊纲对《环球人物》记者表示，当时世界金融危机的势头太猛，各国普遍采取了刺激政策，中国政府的干预是在整个大环境下的选择。不过，他也承认，"中国政府的刺激大了点"。

刺激了一年后，经济开始过热，最明显的标志就是房价的爆发式上涨，政府又掉头"泼冷水"。2010年4月，住房限购政策出台，之后连续打压，但过热的后遗症却延续至今，尤其是产能过剩。"有了过热一定有过剩，这是全世界的经济规律。产能过剩背后是不良债务，债务背后是不良企业，这些都是过热的典型结果。"樊纲说。

中国经济为何容易过热？樊纲认为最重要的原因在地方政府。"我们曾经严格控制地方政府借债，但2009年危机一来又放开了，地方政府借了大量债务。债多了，投资就多，经济就热，直到现在我们还处在清理、应对过热后遗症的状态中。"

更深层的原因在于，地方政府不需要控制宏观变量。通货膨胀、资产泡沫、全国就业水平，这些都由中央政府负责；地方政府的债务，最终偿债责任也在中央。"所以地方上是有钱就花，能借钱就借钱，能扩张就扩张，这符合'一方水土养一方人'的利益。我们不能说怪谁，因为制度就是这样的，这种机制导致中国经济'一放就乱，一收就死'，这么多年一直循环来循环去。"

对于过热的风险，政府的基本对策就是预防。"当然，当世界性经济危机到来时，还是要采取刺激政策，托住经济，但力量不能太大，否则又要过热了。"樊纲说。

个体：此起彼伏，水涨船高

对老百姓来说，宏观政策离生活太远，国民经济运行最直接的结果莫过于收入与消费。

过去10年中，国民收入的一个显著变化，是农民工收入的上涨。2006年，国务院的一份调查报告显示，我国农民工月收入在800元以下的占群体总数的72.1%。根据国家统计局的数据，2011年，农民工人均月收入突破1800元；2014年达到2864元；2015年突破3000元。

与此相对的，是曾经风光无限的白领阶层收入的相对停滞。2015年7月，国内某大型人力资源网公布了2015年夏季全国32个主要城市白领月薪排行表。数据显示，二季度全国白领平均月薪6320元，其中北京以7873元排名第一，上海、深圳分别以7546元和6935元名列二、三。然而，早在2007年时，国内某研究机构公布的《全国主要城市白领工资标准》中，排名第一的上海月均收入是5350元，深圳5280元、北京5000元。尤其是近年来，随着物价的高涨，不少城市白领感觉自己的收入不仅跑不过房价增速，甚至已经跑不过通货膨胀率。

"就过去五六年看，农民工收入上涨的速度确实比白领要快。"樊纲说，"尽管如此，农民工仍然是低收入阶层。更关键的是，他们在城里留不下。

我们调查的数据是，他们平均干八九年，然后就回到农村。我们称之为农民工早退。这几年为什么闹'用工荒'？如果他们不回去，新人又进来，是不会出现这种情况的。"樊纲认为，"用工荒"的出现，说明中国过早出现了劳动力短缺现象，这才导致农民工工资快速上涨。

不仅是农民工，大量白领乃至中产阶层也在"逃离北上广"。数据显示，过去 10 年中，一线城市的就业机会并没有大幅增加，而生存成本，尤其是住房压力却节节攀升。加上沿海经济的纵深发展，曾经热衷挤进一线城市的年轻人，在北京、上海打拼几年后，往往趋于理性，退到二、三线城市定居，劳动力市场逐渐实现供求均衡。

相比于收入的增速，中国人的消费水平在过去 10 年中的蹿升更加引人注目。2006 年，还没有关于中国人境外消费的统计数字，到 2015 年，中国人境外消费金额已经高达 1.2 万亿元，成为闻名全球的旅游消费大户和"行走的钱包"。在国内，电子商务网站也在 10 年中迅猛崛起。2015 年，中国网购总额达到 3600 亿美元；"双 11"期间，天猫销售额突破 100 亿元只用了 12 分 28 秒。

"过去 10 年，出国留学、出国旅游变得越来越容易。而且人民币大幅升值，购买力不断提高，大家出去都是扫货的。"樊纲笑道，"还有投资。10 年前，没有多少人知道理财产品，现在多少老百姓天天琢磨理财的事？"

尽管如此，中国社会的贫富差距依然在拉大。10 年前，全球富豪榜和世界 500 强里还几乎看不到中国内地富豪和企业的名字，现在不仅进去了，而且排到靠前位置。但是，当中国富豪的财富水平已经跟国际接轨，甚至达到一流时，中国老百姓的财富排名仍然相对偏后。根据世界银行 2015 年 7 月公布的人均国民总收入数据，中国以 7380 美元的人均年收入，在

200 多个国家和地区中排名 60，排名第一的挪威则超过了 10 万美元。尤其需要指出的是，早在 2009 年，世界银行的报告就显示，当时占中国人口 0.4% 的富人，掌握着社会 70% 的财富。如果去掉富豪人群，普通中国人的收入水平又将排在什么位置？

"过去 10 年，我们最富的和最穷的差距的确拉大了。"樊纲说，"那些占总劳动力70%的群体，农民、农民工，生活质量仍然很低，他们财富不多，更没什么金融资产。"

樊纲一直记得 1998 亚洲金融危机期间，国内一位出租车司机的话。"当时韩国正闹危机，他却对我说："我羡慕韩国人，闹金融危机说明他们有钱啊！'"

有资产才会有危机。尽管贫富差距仍然巨大，中国人整体更加有钱仍是不争的事实。今天，中国经济的每一次波动都会引发全球关注，10 年前这还无法想象。

纵论"十年之痒"

《环球人物》：过去 10 年，白领阶层收入减缓、压力变大，这是不是一种倒退？

樊纲：我认为中国经济发展的一个重要方面就是白领压力的变大。过去 10 年，大学毕业生激增，但白领岗位和经济增速都没那么快，市场供求发生变化，导致竞争更加激烈。以前大家觉得进了国企很舒服，现在国企的工作压力也很大，这就是市场经济发展的结果。我们不能叶公好龙，口头上拥护市场经济，现实中又希望过得舒舒服服的，有高薪铁饭碗。市场经济从来不是舒服的经济。

《环球人物》：您同意"中国人口红利耗尽"的观点吗？

樊纲：我不同意。现在劳动力确实出现短缺，但不是因为中国劳动力少了、孩子生少了，而是农民工早退。之前我们没有重视这方面的问题，没有让他们留下的机制，导致大量农民工回流。这正是新型城市化所强调的，农民工的市民化。城市化是人的概念，不是土地的概念。其实对大多数农民工来说，只要为他们提供子女教育，就这一项措施，他就不走了。其他的方面，如住房、低保等可以逐渐跟上。

《环球人物》：过去 10 年，虽然收入和消费都在提升，但工薪阶层在花钱上还是小心谨慎、精打细算，也不敢生病，因为一旦失去工作，收入就断了。

樊纲：与发达国家相比，我们在社会福利和社会保障方面仍然落后。另外，中国老百姓的财产性收入很少，大家主要还是靠工资，慢慢地积累资产。财产性收入主要是房产和金融资产。10 年前，中国人均金融资产在 1 万元左右，这是把农民工都算进来的。现在虽然还没有具体统计数字，但相信有较大增长。不过，要想完全靠财产性收入生活，在中国也不现实，未来应该把两者结合起来。

另一方面，我们的税收也要考虑财产税。房产税讨论了很久还没征收，股票等金融资产收入也不征税。其实财产税可以均贫富，如遗产税，可减小富二代的比例。

《环球人物》：大部分税负会不会落到中产阶层头上？

樊纲：有这种可能。现在一提财产税，有钱的反对，没多少钱的也反对。其实发达国家也存在这个问题，富人因为开公司，有各种避税的办法，而中产阶层逃不了。

过去 10 年，我们对低收入阶层基本是免税的，但对月收入在 2 万元以上的白领、金领，税率一下子就上去了，这不利于中产阶层的发展。毕竟，我们重点还是要发展橄榄核的中间部分，特别是知识分子，他们能带动整个社会的进步。因此，中国的税收结构还要调整。税率要有利于人才的稳定，激励向上发展的空间。

《环球人物》：您赞同中国像欧洲那种高福利吗？

樊纲：当然不赞成。从经济学角度，高福利导致了高债务，欧债危机就是典型。福利的问题在于，一旦你设置了制度，就收不回去了，父母那代给，现在不给了，大家就要抗议。福利越来越多，人口越来越多，寿命越来越长，但经济不可能永远增长。你设置的时候可能财政很有钱，但经济一波动，债务问题就来了，难以为继。所以在福利问题上还是保守一点好，别动不动就补贴、承诺。大家还是多努力一点，经济发展的可持续性就更强一点。

《环球人物》：经过10年发展，中国与发达国家在产业水平上还有多大差距？

樊纲：差距还是很大。这一点我们要有清醒的认识。2015年中科院一个研究机构发布了《中国现代化报告2015》，称"中国工业落后德国100年"。虽然引发了外界质疑，但也能反映一些问题。我们的汽车产业，很多品牌说起来都是国产的，其实连发动机还做不出来，更不用说飞机之类。科技、服务、金融等领域，我们起步都比较晚。

其实，我们真正的差距不是技术，而是专注程度、专业精神。西方一个家族几代人、十几代人专注琢磨一件事，各个环节不断积累，产品价格就比我们高10倍。中国是后发国家，这些年增长较快，新事物较多，大家很难耐得住寂寞。企业和个人都普遍浮躁，只要挣钱快、挣钱多就改行，沉不下心认认真真去做几代人的事业。

《环球人物》：中国企业和个人现在都很热衷创新。

樊纲：发展是一个漫长的过程，不要跳跃式地急于求成。现在说到创新和创业好像很简单，星巴克里支个电脑就算创业了。虽然互联网大大降低了信息成本、提高了销售量，但没有解决产品本身的升级问题和专业化程度。如果产品不能做得更精尖，仍然不是一流产品。

《环球人物》：长三角和珠三角是过去10年专业性提升最快的地区，但也拉大了地区之间的差距。

樊纲：这是正常的。以前中国经济规模不大，现在则需要到世界各地找资源，沿海地区的地理优势会更加明显。过去10年，政策优惠都集中在中西部，沿海真的是靠自己市场经济的发展，实现了民营企业、高新科技的转型。

未来的地区差异会缩小的。内陆部分人口流向沿海，剩下的无论是人均收入还是生活质量都会相应提高。小城市货币收入虽少，但实际收入比例高，大城市则相反。最后达到内陆与沿海人均收入的均等。另外，我在内陆住的房子比你在北上广大多了，不堵车，空气好，压力小，寿命长……这些因素都要算进去。幸福指数不仅仅是数字，虽然你挣2万我挣1万，但你的生活质量没我高。

《环球人物》：下个10年，中国经济会是怎样的状态？

樊纲：过去10年为今后打下了良好的基础，但是，因为两次过热，接下来的10年我们还得花些时间清理遗留问题。中国的故事远远没有结束，我们仍然是一个发展中国家，如果今后能避免过热，持续改革，再获得10年到20年的高增长完全可能。当然，这种增长应该是正常的，不是GDP10%以上，那从来都是过热增长。7%、8%，再少一点可能6%，都是正常的高增长。等中国真正走出去，跨越中等收入阶段，才能真正成为一个强国，百姓生活才能达到世界先进水平。要实现这个目标，中国还需要时间。中国各个产业都有潜力，但最关键的潜力还是改革制度，把制度红利尽可能都挖掘出来。发展教育也是重中之重。中国人的知识潜力巨大，之前我们没有创新很正常，因为落后太远，只能赶紧学，吸收、消化、引进，再加上点山寨。学到现在，已经越来越接近前沿了，未来我们实现真正创新的可能性越来越大。

（撰文：尹洁）